机载InSAR系统地形测绘与应用图集

主　编　谭克龙

副主编　庞玉哲　苗小利　彭桂辉

科学出版社

www.sciencep.com

内 容 简 介

本图集是根据国家863计划"高效能航空SAR遥感应用系统地形测绘应用示范"课题的研究成果编辑而成。全书共分 5 章：第 1 章首先介绍我国自主研发的高分辨率机载InSAR系统，展示机载InSAR系统的载机、X波段天线、P波段天线、舱内设备以及示范区的飞行设计图和采集的SAR数据等；第 2 章展示我国自主研发的SAR干涉数据处理系统和整个处理过程中的SAR干涉数据；第 3 章通过翔实的图片生动地介绍我国首次研发的机载InSAR测制3D（DEM、DOM、DLG）产品系统和技术方法，包括机载InSAR测制3D产品工艺流程、自主研发的SAR-MAS制图系统、定标控制测量技术、基于SAR影像的调绘方法、机载InSAR测制3D产品技术方法等；第 4 章深入讨论机载InSAR在土地利用调查中的应用，通过与光学影像对比试验研究，结合外业调查结果的比较，提出应用的可行性；第 5 章给出机载InSAR数据测制1∶10 000、1∶50 000比例尺3D产品的精度检测结果，并介绍课题取得的成果和验收情况。

本图集可供从事测绘、遥感、地理等学科领域的科研、生产人员以及高等院校相关专业师生参考。

图书在版编目（CIP）数据

机载InSAR系统地形测绘与应用图集/谭克龙主编.
—北京：科学出版社，2015.11

ISBN 978-7-03-046153-7

Ⅰ．①机… Ⅱ．①谭… Ⅲ．①机载InSAR-应用-地形测绘-图集
Ⅳ．①P217-64

中国版本图书馆CIP数据核字（2015）第256645号

审图号：GS（2016）1449号

科 学 出 版 社 出版
北京东黄城根北街16号
邮政编码：100717
http://www.sciencep.com

中煤地西安地图制印有限公司　印刷
科学出版社发行　各地新华书店经销
*

2016年8月第　一　版　　开本：889×1194　1/12
2016年8月第一次印刷　　印张：13 1/2
定价：380.00元

《机载InSAR系统地形测绘与应用图集》

编委会

主　　编：谭克龙

副 主 编：庞玉哲　苗小利　彭桂辉

编　　辑：谢志清　张立本　韦立登　高晓梅　胡玉新　李先华　张　远

制　　图：黄晓艳　庞玉哲　许　珂　朱瑞芳　宋　健　梁　涛

设　　计：杨　柳

责任编辑：彭胜潮

机载干涉合成孔径雷达（interferometric synthetic aperture radar，InSAR）是SAR的一种功能的发展和开拓，应用InSAR进行地形测图，这是InSAR技术研究的最初目的，也是最为重要的工作内容。它既能对地面进行高度估计，提取地面三维信息，还可以对地面运动目标进行检测和定位，更可以进行地面形变监测。机载雷达系统具有全天候、全天时特点，以其灵活性、机动性和测量的高精度越来越受到人们的重视。它极少受天气影响，可弥补航空摄影测量受制于天气的不足，解决多云、多雨地区测绘的难题。机载InSAR系统是地形测绘、资源环境制图的一种有效手段，在滑坡、火山、地震等地表活动的监测和国防、边界测绘中具有不可替代的作用。

干涉合成孔径雷达技术经过多年的发展，其应用领域也在不断拓展。我国的机载SAR设备与技术近年来取得了较大的进步。目前，有许多著名的研究单位在积极推进InSAR技术的发展应用，并且有相当的技术优势，如中国煤炭地质总局航测遥感局就是代表之一。该局的研发团队承担的国家高技术研究发展计划（863计划）"高效能航空SAR遥感应用系统地形测绘应用示范"（编号：2007AA120305），在谭克龙主持下，经过不懈努力，完成了比例尺为1：10 000和1：50 000的机载InSAR成图试验与应用研究，取得了可喜成果，为我国机载InSAR系统地形测绘产业化奠定了基础。

该图集就是利用中国科学院电子学研究所研发的机载X波段干涉合成孔径雷达系统和P波段多极化合成孔径雷达系统，经过自主研发的数据处理系统获取了DEM（数字高程模型）、DOM（数字正射影像）和DLG（数字划线地图）数据成果，并经精选编辑而成的。该图集系统介绍了机载InSAR系统及数据处理以及产品制作的各个环节，整个内容形成了较完整的体系，展现了近年来机载InSAR测量应用于地形测绘的最新成果。该图集以图文并茂的形式展示了机载InSAR测制的比例尺为1：10 000和1：50 000地图不同类别地物、地貌的3D产品（DEM、DOM、DLG）对比图及在土地利用方面的应用情况，让读者一目了然，因此我向相关行业的学者和专家推荐阅读或参考。

目前，InSAR技术发展较快，国内机载InSAR系统在地形测绘方面的应用刚起步，期望该图集的出版能够对我国机载InSAR系统在地形测绘领域的应用起到积极的推动作用，引领测绘手段和技术不断完善，为雷达在国家建设特别是在测绘领域的应用做出贡献。

中国科学院院士 吴一戎

2015年6月

前 言

合成孔径雷达（synthetic aperture radar, SAR）的出现是微波遥感发展史上划时代的伟大成就，而干涉合成孔径雷达（interferometric SAR, InSAR）的出现将SAR的二维测量拓展到三维空间测量，极大地扩展了SAR的应用范围，使InSAR技术地形测绘成为了可能。

为此，我国"十一五"期间开展了国家高技术研究发展计划（863计划）"高效能航空SAR遥感应用系统地形测绘应用示范"课题研究，旨在采用我国自主研发的机载干涉合成孔径雷达系统和SAR干涉数据处理系统，形成机载InSAR系统测制1∶10 000、1∶50 000比例尺DEM（数字高程模型）、DOM（数字正射影像图）、DLG（数字线划图）技术规程，推进我国机载InSAR系统地形测绘的实用化和产业化。该课题研究成果主要创新性体现在定标控制测量控制点布设方法、基于InSAR影像的调绘方法、机载InSAR系统测制3D产品系统等方面，在国内首次研发出机载InSAR测制1∶10 000数字测绘产品系统及技术方法，并选择西部困难地区测制了1∶10 000、1∶50 000的3D产品，精度符合国家规范要求，为我国机载InSAR系统地形测绘产业化发展奠定了技术基础。

本图集以图文并茂的形式展示了课题研究的成果，全面系统地阐述了我国自主研发的机载双天线InSAR系统、SAR干涉数据处理系统、机载InSAR系统测制3D产品的系统和技术方法及其在土地利用调查中的应用，给出了3D产品的精度检测和质量检查结果，展望了InSAR数据进行地形测绘的前景。全书共分5章：第1章首先介绍我国自主研发的高分辨率机载InSAR系统，展示机载InSAR系统的载机、X波段天线、P波段天线、舱内设备以及示范区的飞行设计图和采集的SAR数据等；第2章展示我国自主研发的SAR干涉数据处理系统和整个处理过程中的SAR干涉数据；第3章通过翔实的图片生动地介绍我国首次研发的机载InSAR测制3D产品系统和技术方法，包括机载InSAR测制3D产品工艺流程、自主研发的SAR-MAS制图系统、定标控制测量技术、基于SAR影像的调绘方法、机载InSAR测制3D产品技术方法等；第4章深入讨论机载InSAR在土地利用调查中的应用，通过与光学影像对比试验研究，结合外业调查结果的比较，提出应用的可行性；第5章给出机载InSAR数据测制1∶10 000、1∶50 000比例尺3D产品的精度检测结果，并介绍课题取得的成果和和验收情况。

本图集是编者针对目前国际InSAR技术的发展，系统总结了几年来该项目的成果编辑而成。由于编者水平和时间所限，书中难免存在错误及不当之处，敬请读者不吝指教。

目 录

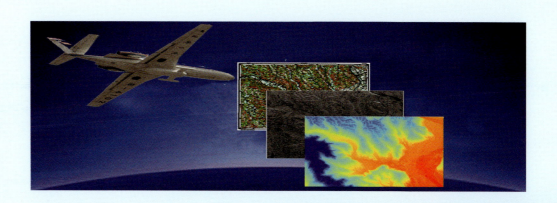

第 1 章　我国自主研发的高分辨率机载InSAR系统

1.1 课题简介

1.1.1 课题概述

"高效能航空SAR遥感应用系统地形测绘应用示范"课题，是国家高技术研究发展计划（863计划）地球观测与导航技术领域高效能航空SAR遥感应用系统项目的第五课题（课题编号：2007AA120305），主要研究西部测图和土地利用调查技术，开展1∶10 000、1∶50 000比例尺地形测绘应用示范，完善业务运行系统和技术规范。通过科研团队的艰苦攻关，该课题成功地解决了机载InSAR技术生产3D〔DEM（数字高程模型）、DOM（数字正射影像图）、DLG（数字线划图）〕产品的工艺流程、定标控制测量技术、SAR影像的调绘方法、机载InSAR系统测制3D产品等关键技术。该项目和课题分别于2012年8月13日和10月16日通过科技部的验收。通过该课题的研究和实践，形成了完整的国产机载InSAR系统地形测绘体系，有力推进了我国机载InSAR系统地形测绘从示范研究走向了实用化。该项目是国家"十一五"期间规模最大、投入资金最多、"产学研"三方单位共同承担的重大项目。

"高效能航空SAR遥感应用系统地形测绘应用示范"项目全程采用了我国自主研发的机载InSAR系统和干涉数据处理系统，获取和处理了上万平方千米的机载InSAR数据，测制了陕西、山西、四川等试验区6 000多平方千米的3D产品，产品满足国家1∶10 000、1∶50 000技术规范要求，这标志着高效能航空SAR遥感应用系统在地形测绘产业化的开始，它将有效解决长期困扰我国西部地区和多云、多雨地区及边境地区的测绘以及自然灾害应急响应等国家重大工程与应用的需求，必将大力提升我国航空SAR遥感技术服务于国家经济建设的能力。

1.1.2 核心研究内容

高效能航空SAR遥感应用系统地形测绘应用示范，是研究西部测图应用示范技术、西部土地利用调查应用示范技术，开展1∶10 000、1∶50 000比例尺地形测绘应用示范，完善业务运行

系统和技术规范。围绕项目指南要求，主要开展以下关键技术研究：

◆ 机载InSAR技术生产3D产品的工艺流程；
◆ 机载InSAR的定标测量及控制测量技术；
◆ 基于SAR影像的调绘方法；
◆ 机载InSAR测制3D产品系统及技术方法；
◆ 机载InSAR土地利用调查方法可行性研究。

1.1.3 项目的先进性

通过对关键技术的研究和实践，形成了完整的国产机载InSAR系统地形测绘体系。首次采用我国自主研发的机载干涉合成孔径雷达系统测绘完成了1∶10 000、1∶50 000 DEM、DOM、DLG产品，形成了一套完整的技术方案、工艺流程、作业方法和制图系统，制定了《机载干涉合成孔径雷达（InSAR）系统测制1∶10 000、1∶50 000数字高程模型 数字正射影像图 数字线划图技术规程》，为推广机载InSAR系统地形测绘奠定良好的技术基础，有效推动了该技术的业务化运行，同时将有力推进我国机载InSAR系统地形测绘从示范研究走向产业化。

1.2 我国自主研发的机载InSAR系统

我国自主研发的机载InSAR系统主要由两部紧凑组合的高分辨率X波段和全极化P波段雷达系统组成，两部雷达可同时作业，X波段具备双天线交轨干涉能力，P波段具备重复轨迹干涉能力。

1.2.1 机载InSAR系统

表1.1 机载InSAR系统参数

X波段干涉SAR	
中心频率	9.6 GHz
极化方式	水平（HH）极化
平面分辨率	0.5 m×0.5 m
高程精度	0.3 m
P波段极化SAR	
中心频率	620 MHz
极化方式	HH、HV、VH、VV
平面分辨率	1.0 m×1.0 m

1.2.2 飞行扫描平台

图1.1 试验使用的飞机

（1）舱外设备

◆X波段天线

图1.2　X 波段天线

◆P波段天线

图1.3　P 波段天线

◆X+P波段天线

图1.4　X+P 波段天线

（2）舱内设备

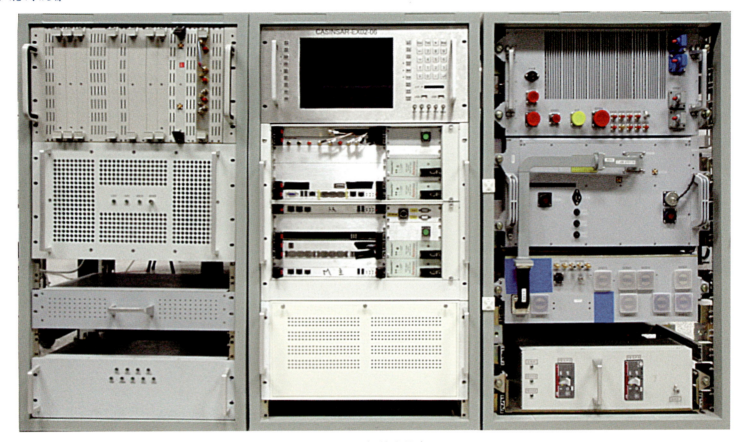

图1.5　机舱内设备

（3）实时卫星差分导航系统

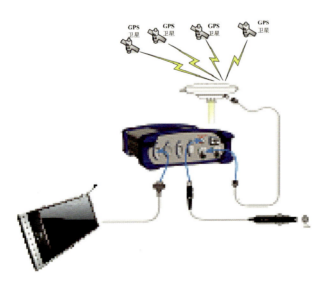

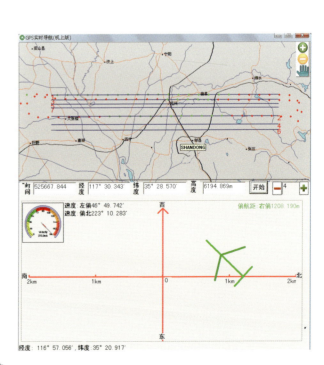

图1.6　实时卫星差分导航系统

（4）设计飞行航线图

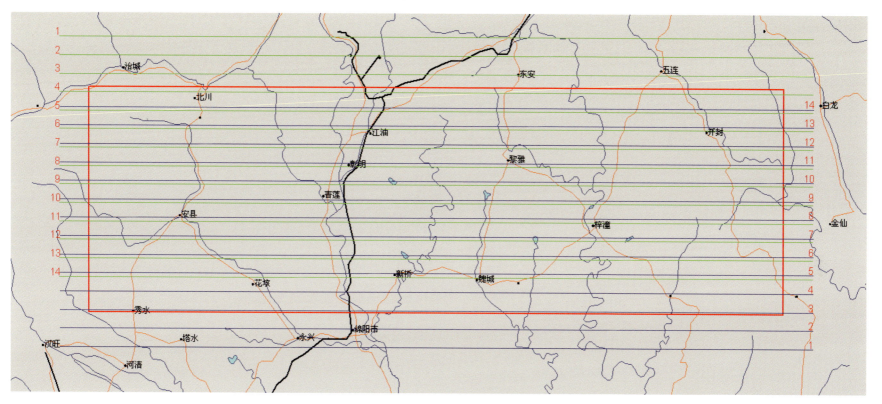

图1.7　1:50 000飞行设计图

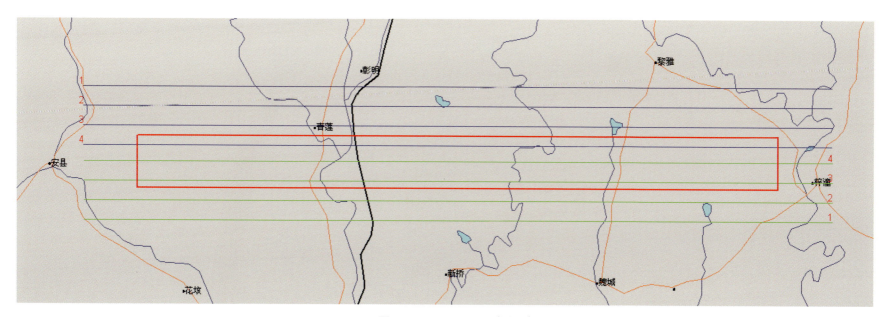

图1.8　1:10 000飞行设计图

（5）获取的干涉数据

图1.9 干涉条纹图（X波段）

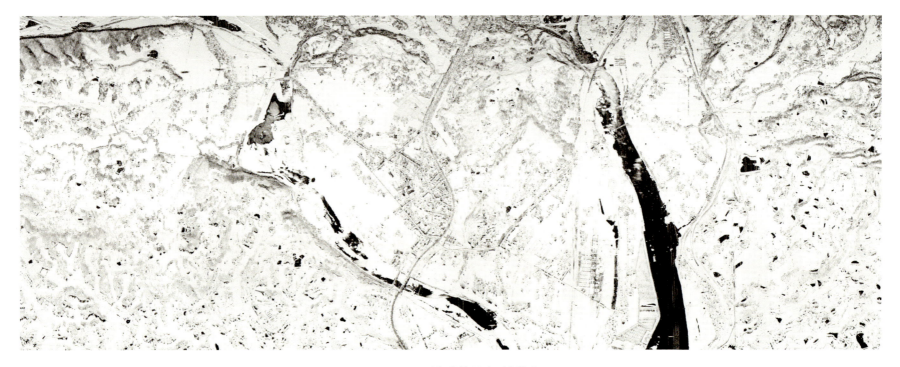

图1.10 干涉系数图（X波段）

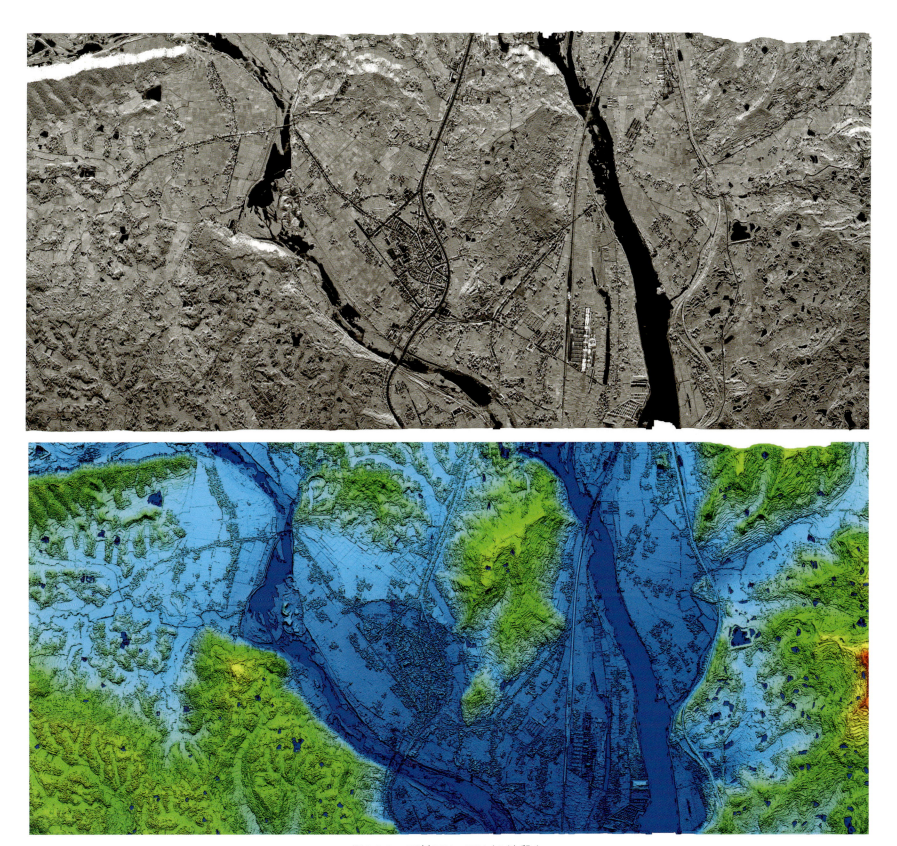

图1.11　正射DOM、DEM（X波段）

图1.12　P波段极化SAR影像图

图1.13　P波段DEM透视图

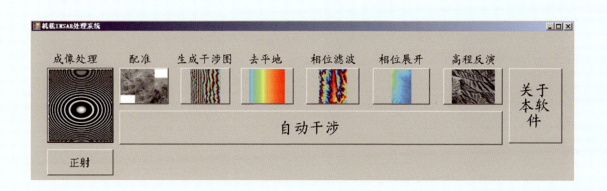

第2章　我国自主研发的SAR干涉数据处理系统

2.1　我国自主研发的SAR干涉数据处理系统

2.2　试验区与示范区SAR干涉数据

2.1 我国自主研发的SAR干涉数据处理系统

中国科学院电子学研究所自主研发的SAR干涉数据处理系统由分景预处理软件、成像与干涉软件、同名点提取软件、干涉定标与拼接软件组成。采用该系统处理完成了山西、陕西、河北、四川等试验区上万平方千米的干涉数据。

2.1.1 分景预处理软件

· 根据测区、定标点分布、运动误差等因素对回波数据自动规划并分景；

· 显示定标点分布，辅助干涉定标。

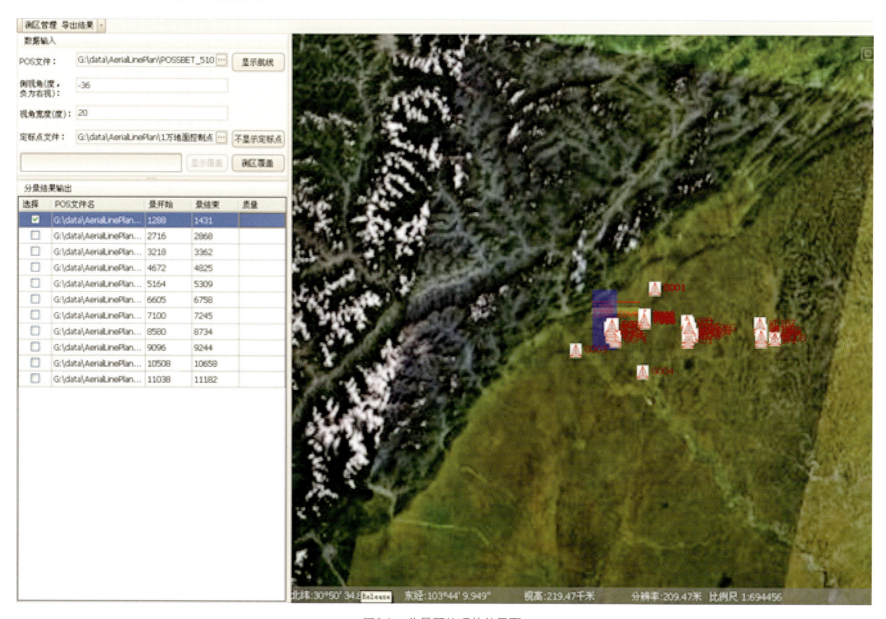

图2.1 分景预处理软件界面

2.1.2 成像与干涉软件

· 全自动并行化处理，适应于工程生产；

· 模块化可配置，适应于实验研究。

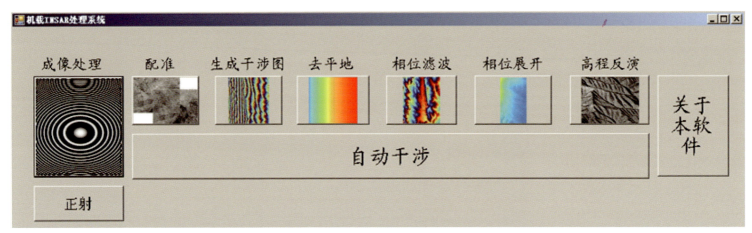

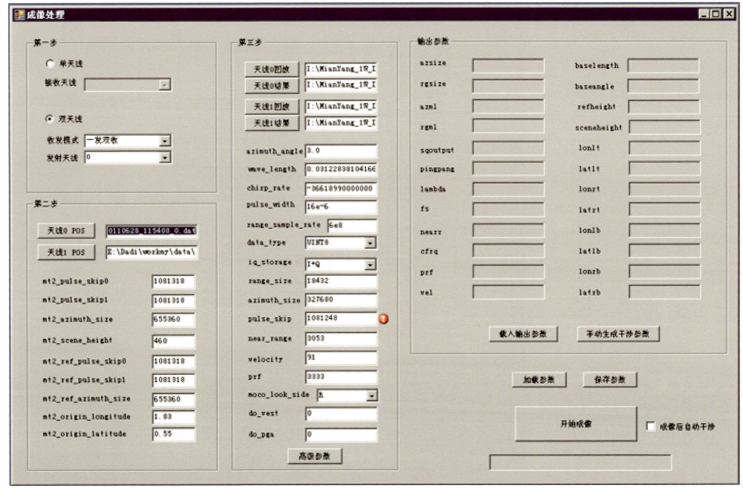

图2.2 成像与干涉软件界面

2.1.3　同名点提取软件

· 自动提取同名点；

· 可查看干涉相干性，并人工剔除低相干性点。

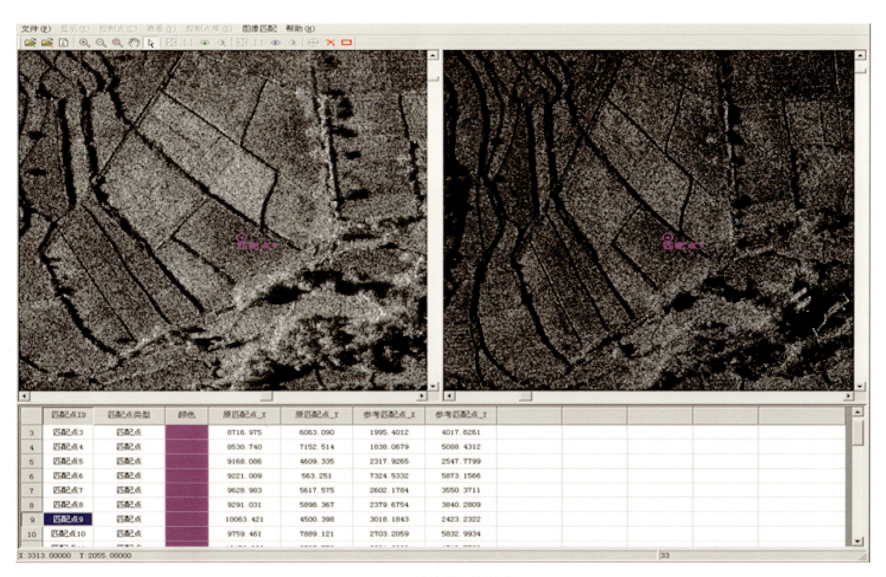

图2.3　同名点提取软件界面

2.1.4 干涉定标与拼接软件

·支持传递定标方法和联合定标方法。

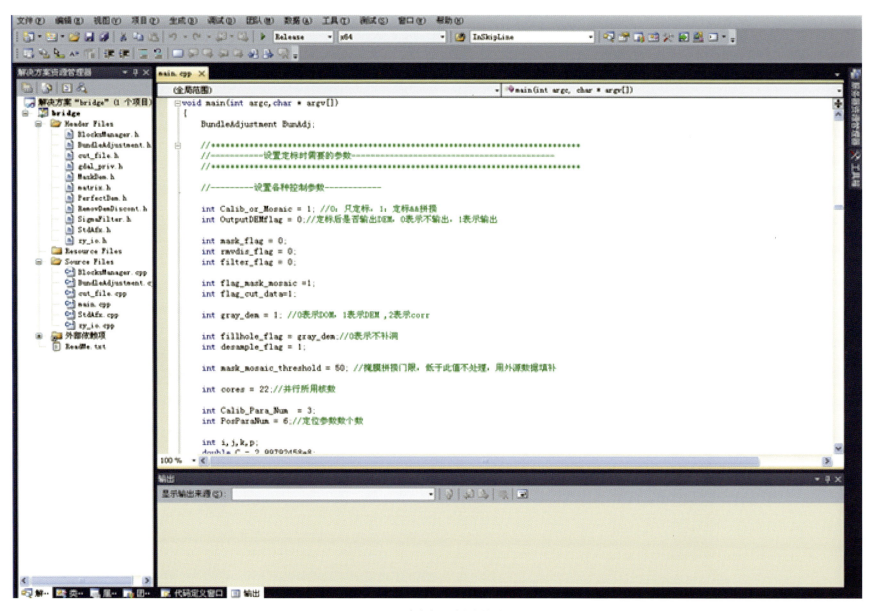

图2.4 干涉定标与拼接软件界面

2.2　试验区与示范区SAR干涉数据

2.2.1　单视复图像（SLC）

图2.5　单视复图像（SLC）（平地）

图2.6 单视复图像（SLC）（丘陵地）

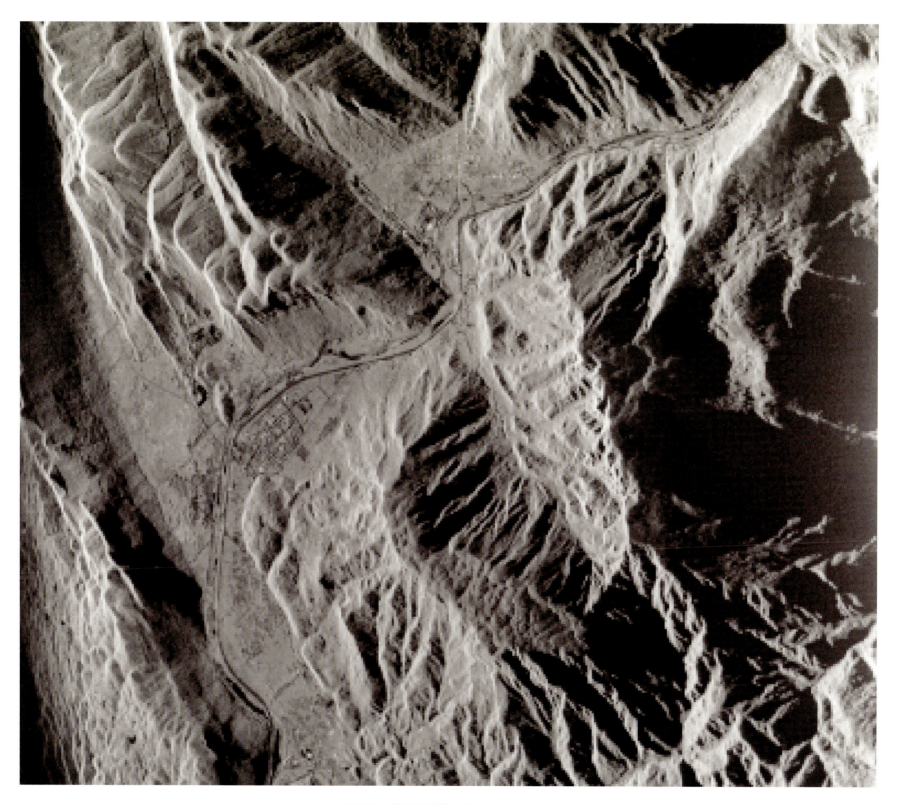

图2.7　单视复图像（SLC）（山地）

图2.8 单视复图像（SLC）（城镇）

2.2.2　干涉条纹图

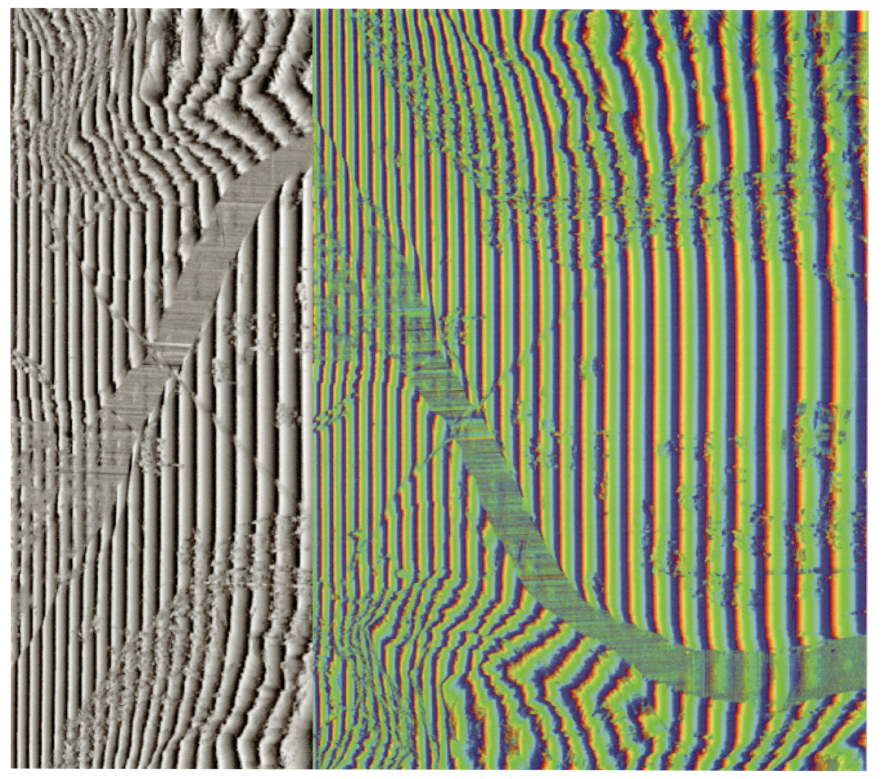

图2.9　滤波前干涉条纹图（平地）

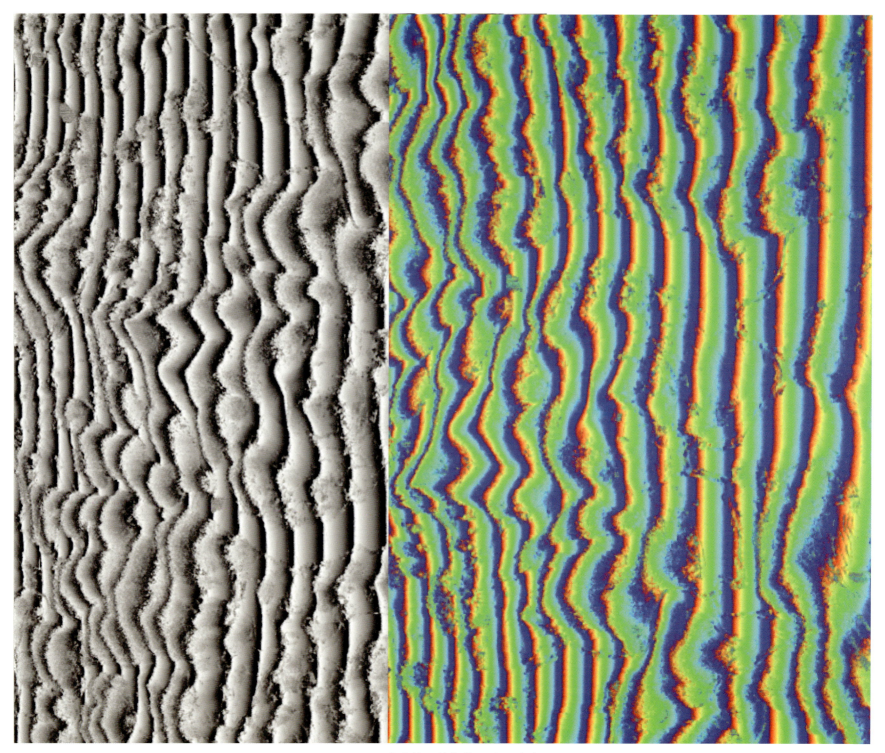

图2.10　滤波前干涉条纹图（丘陵地）

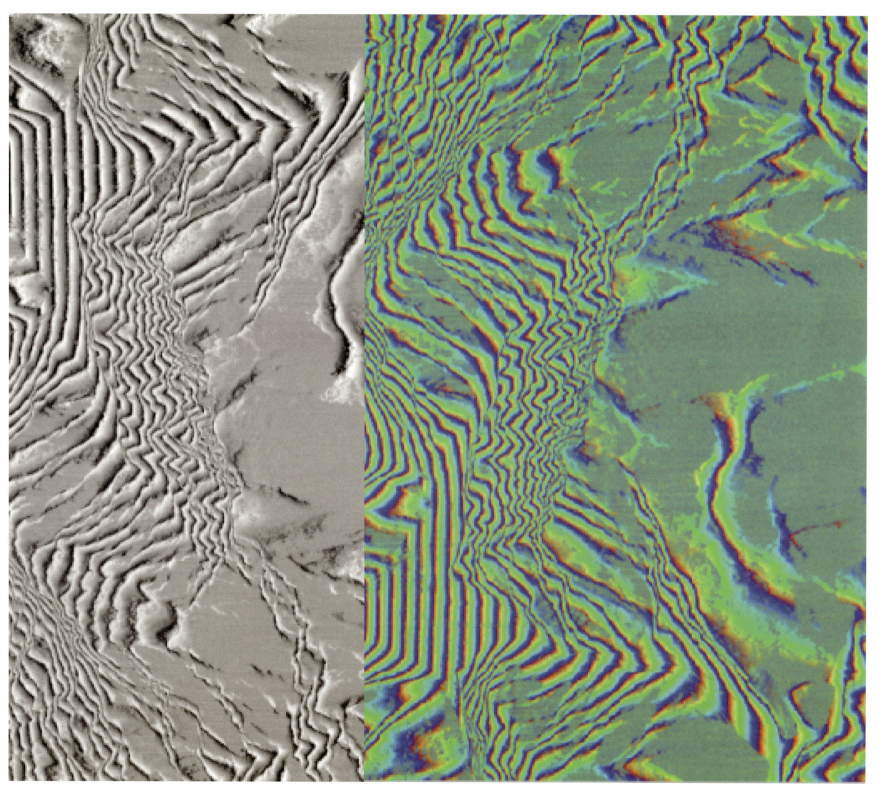

图2.11　滤波前干涉条纹图（山地）

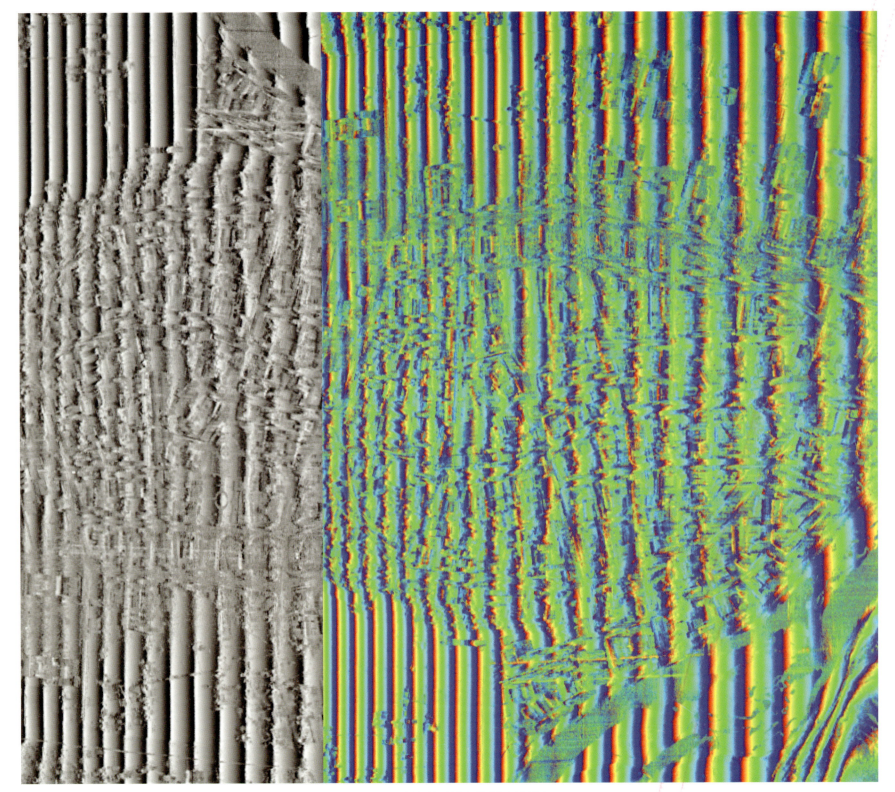

图2.12　滤波前干涉条纹图（城镇）

2.2.3 干涉系数图

图2.13 相干系数图（平地）

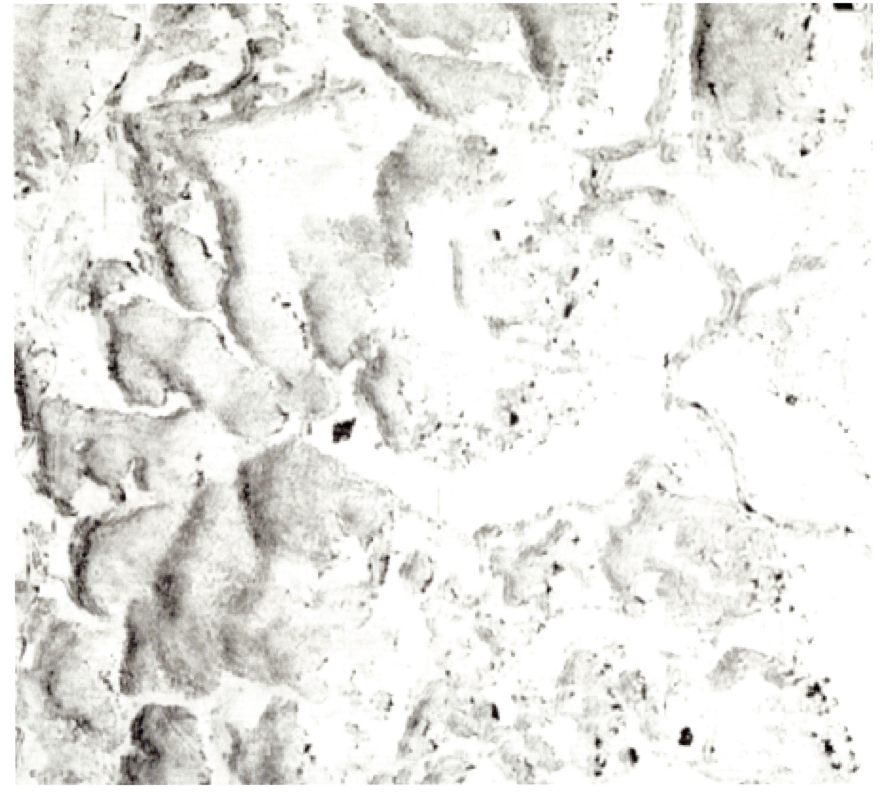

图2.14 相干系数图（丘陵地）

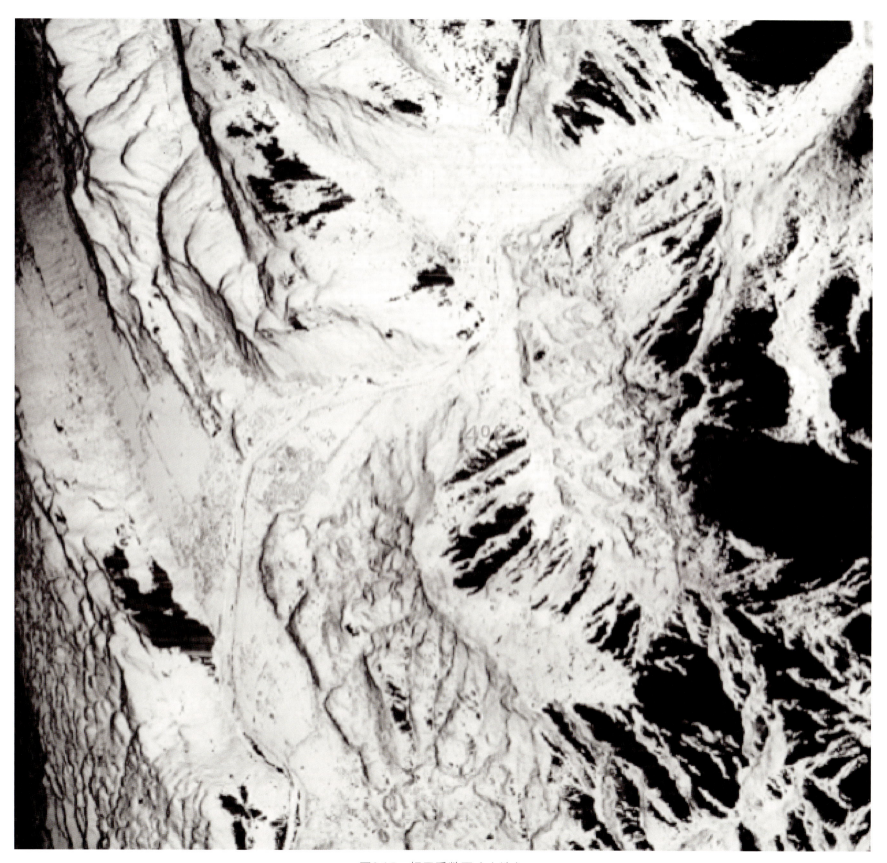

图2.15　相干系数图（山地）

图2.16　相干系数图（城镇）

2.2.4　去平地干涉相位图

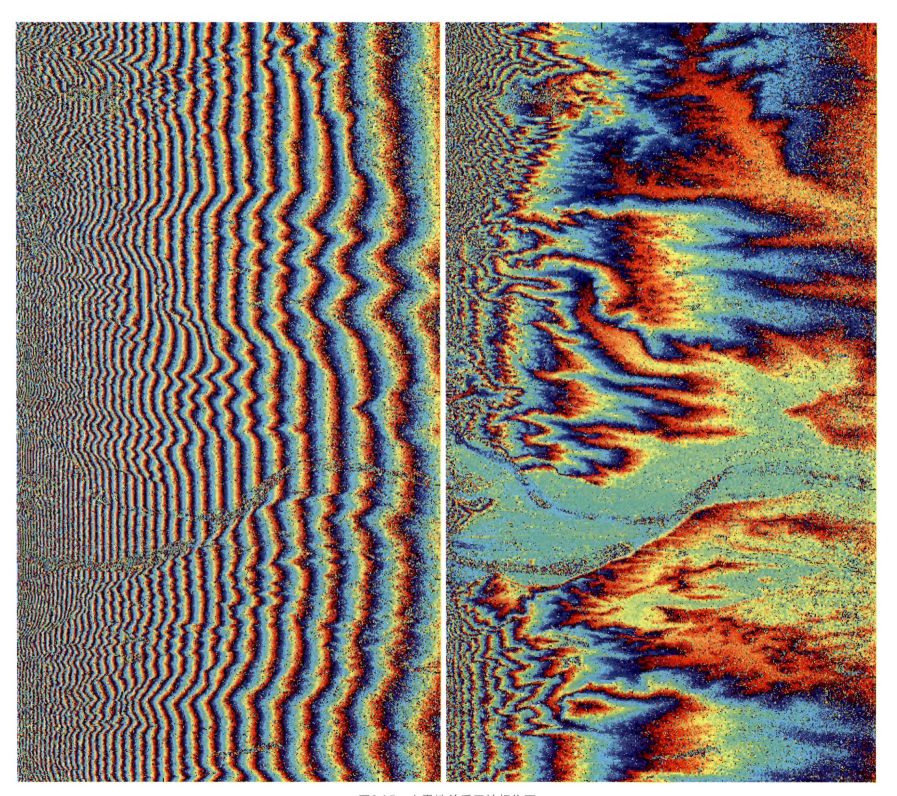

图2.17　去平地前后干涉相位图

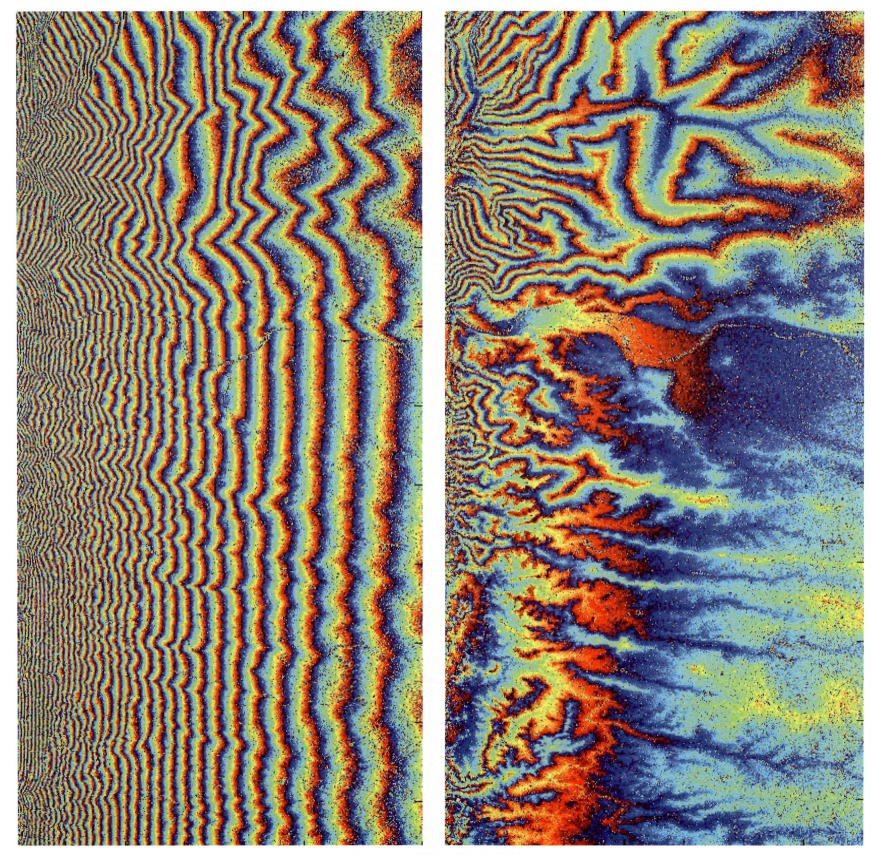

图2.18　去平地前后干涉相位图

2.2.5 滤波后干涉相位图

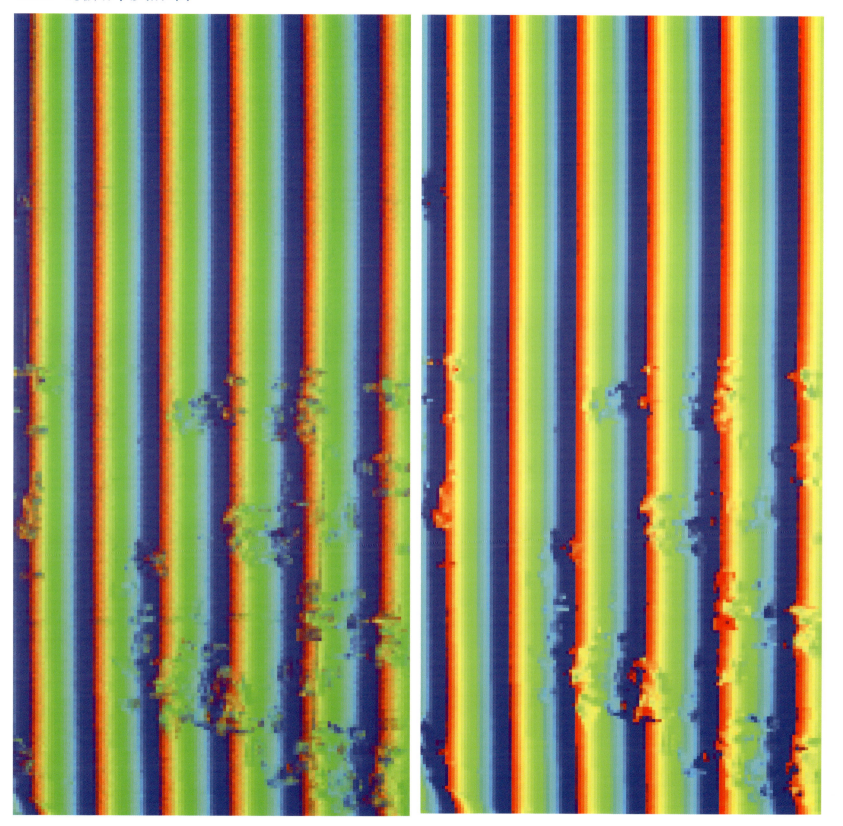

图2.19　滤波前后干涉相位图（平地）

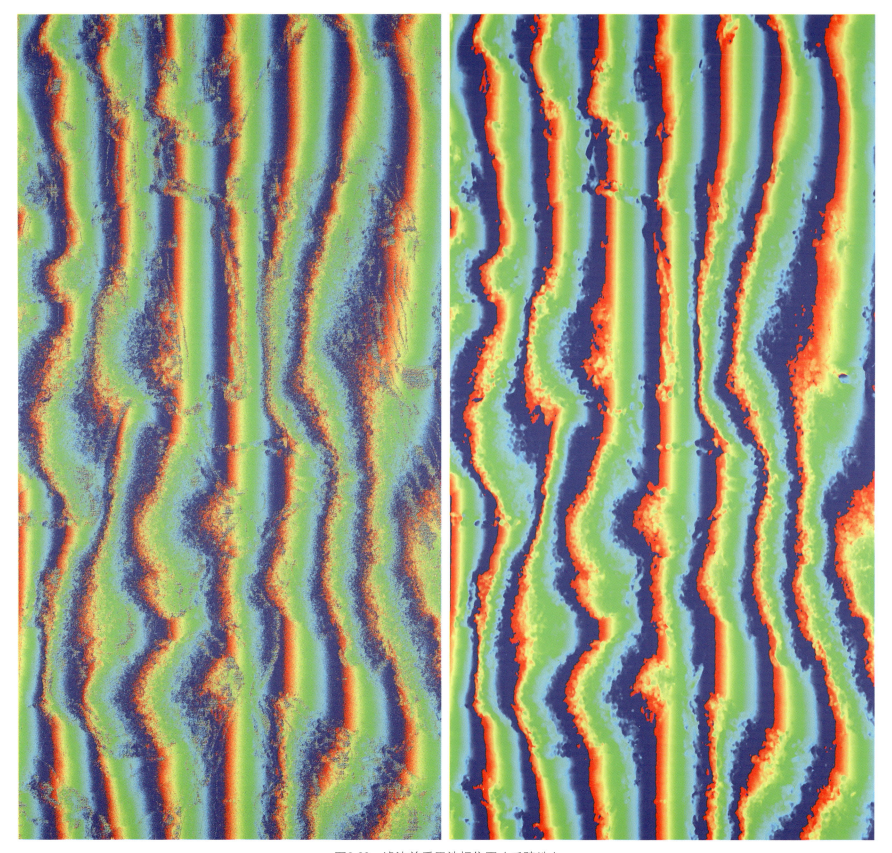

图2.20　滤波前后干涉相位图（丘陵地）

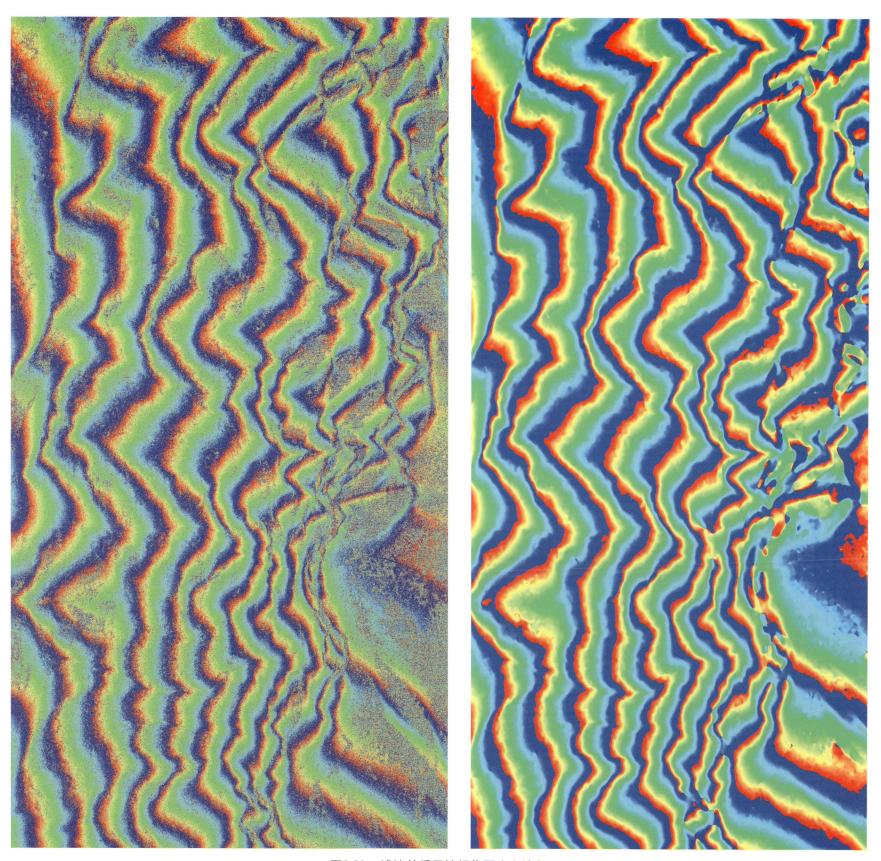

图2.21　滤波前后干涉相位图（山地）

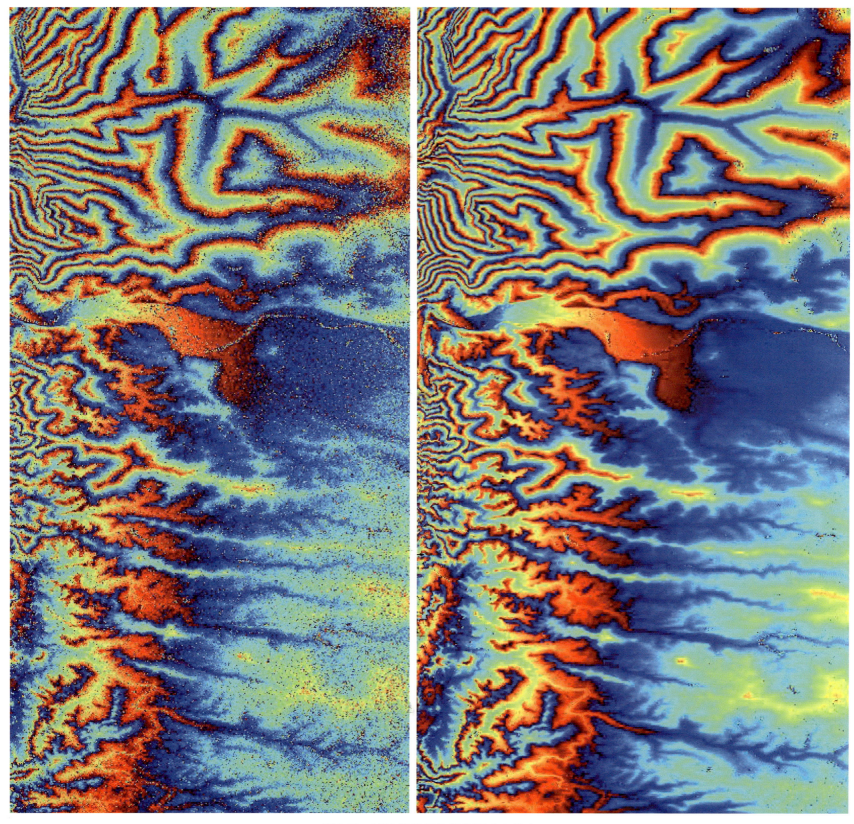

图2.22 滤波前后干涉相位图（山地）

2.2.6　解缠后干涉相位图

图2.23　解缠后干涉相位图（平地）　　　　　　　　图2.24　解缠后干涉相位图（丘陵地）

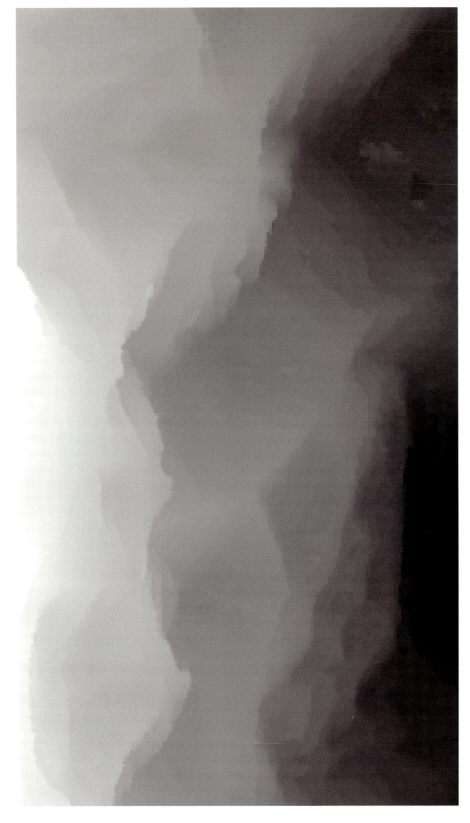

图2.25　解缠后干涉相位图（山地）

图2.26　解缠后干涉相位图（城镇）

2.2.7　斜距DEM、DOM

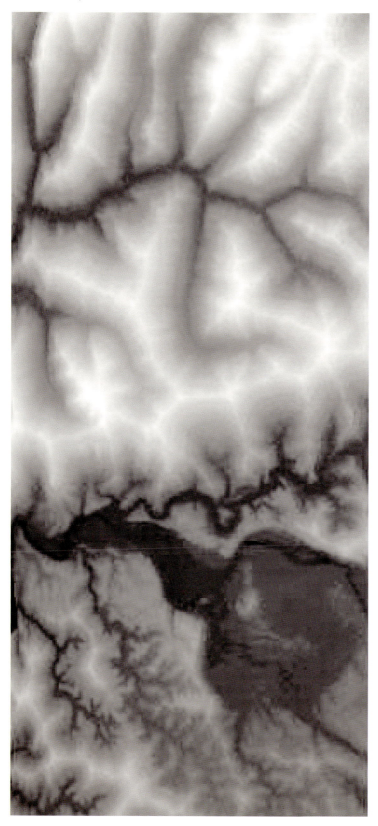

图2.27　斜距DEM

图2.28　斜距DOM

2.2.8 正射 DEM

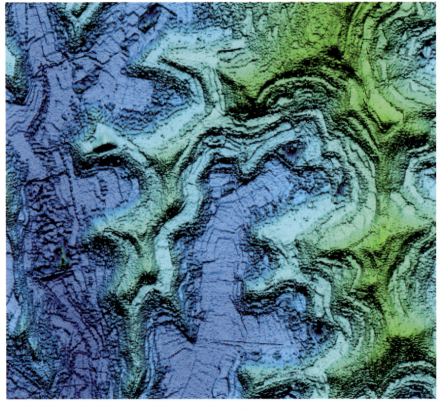

图2.29　正射DEM

2.2.9 正射 DOM

图2.30　正射DOM

第 3 章　我国首次研发的机载InSAR测制3D产品系统与技术方法

3.1 示范区概况

为了开展国家863计划课题"高效能航空SAR遥感应用系统地形测绘应用示范"研究，先后选择了山东、河北、陕西、山西等试验区，开展了定标场选址、定标测量、地面控制测量、野外调绘、3D产品制作等试验研究，初步形成机载InSAR系统地形测绘的工艺流程、作业方法、技术方案。

在此基础上，为了进一步验证研究成果，又选择了多雨多雾天气的四川地区作为示范区，如图3.1所示。该示范区中部为平丘地，东部和西部为山地，海拔为300~2 500m，高差悬殊，集高山地、山地、丘陵、平地为一体。区内水库、池塘、湖泊星罗棋布，江河纵横，水系发达。耕地、林地、村庄、城镇遍布其中，具有地貌、地物的多样性、典型性和代表性，为开展机载InSAR系统地形测绘和土地利用调查的研究提供了有利的条件。

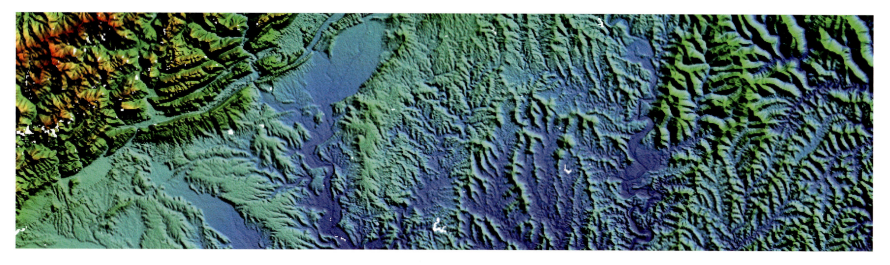

图3.1　示范区地形图

课题在此示范区内，全面系统地开展了机载InSAR系统地形测绘和土地利用调查的技术方案的实施和研究，主要从以下关键技术入手：①机载InSAR技术生产3D产品的工艺流程；②SAR-MAS制图系统研发；③机载InSAR的定标测量及控制测量技术；④基于SAR影像调绘方法；⑤机载InSAR测制3D产品的技术方法；⑥机载InSAR的土地利用调查方法。

3.2 机载InSAR技术生产3D产品工艺流程

机载InSAR系统测制DEM、DOM、DLG数字测绘产品作业流程主要包括技术准备、外业工作、内业工作三大部分，如图3.2所示。其中技术准备包括测区踏勘、资料收集分析、技术设计；外业工作包括定标场布设与测量、控制测量、外业调绘等。内业工作包括干涉数据处理、DEM数据制作、DOM数据制作、DLG数据采集等。

该工艺简单明了，充分利用机载InSAR系统直接获取的高精度DSM（数字地面模型）和DOM数据,通过DEM生成DLG的地貌数据，通过DOM采集DLG的地物数据。因此，DEM、DOM、DLG产品的一致性较强。采用此工艺，无须开发新的立体测图系统，节省了生产成本，有利于机载InSAR新技术的推广应用。

考虑到出版要求，所展示样图作了相关处理，图面注记均未表示，个别DLG样图中因未出现注记而留白。

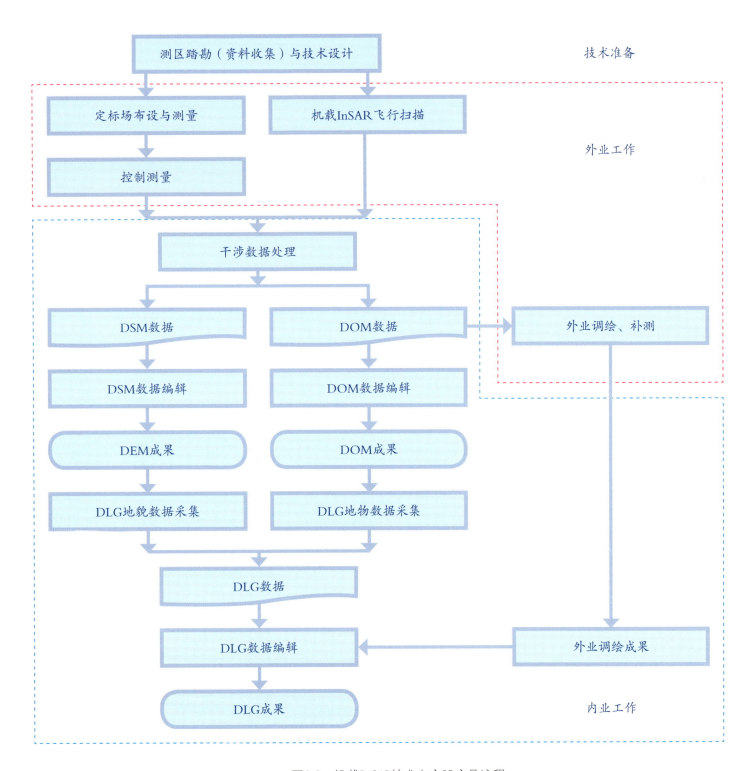

图3.2 机载InSAR技术生产3D产品流程

图3.3　示范区水系

图3.4　示范区地形

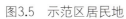

图3.5　示范区居民地

图3.6　示范区植被

3.3 自主研发的SAR-MAS系统

中国煤炭地质总局航测遥感局自主研发的SAR-MAS系统由3D数据质检及评估、DEM/DOM数据编辑、DLG数据采编、制图输出等4个子系统组成。该系统具有3D产品一体化生产、菜单的流程化定制、系统的业务化运行和独特的专业化功能等特点，在机载InSAR系统测制3D产品生产和研究中发挥了重大作用。

图3.7 SAR-MAS系统界面

图3.8 SAR-MAS功能模块界面

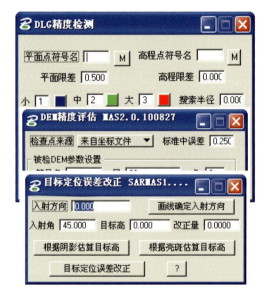

3.4 定标控制测量技术

在国内首次推出了机载InSAR定标控制测量技术，该技术包括定标场的选址、角反射器的选择与布设、控制点布设与测量技术等，并实施于示范区5 000多平方千米地形测绘中，经检验，技术先进合理，填补了国内一项空白。

3.4.1 定标场选址要求

（1）定标场的图像上应能凸显定标器的位置；

（2）定标场应为裸露区域或植被稀少区域；

（3）定标场相对于雷达频率而言应为非粗糙的地形区域；

（4）定标场区域为相对平坦地区；

（5）定标场应远离高压线塔、变电站等强散射区，以及引起相位解缠错误的区域，如水体等。

图3.9 选择的定标场及定标器成像图

3.4.2 角反射器指标要求

（1）角反射器的边长尺寸应人于等于雷达波长的4倍；

（2）角反射器RCS相对背景地物回波的强度的信杂比应大于20dB；

（3）角反射器表面平整度的均方根误差应小于雷达波长的0.1倍；

（4）角反射器每两个面板的垂直度误差应小于0.5°。

图3.10 P波段角反射器

3.4.3 定标场角反射器布设要求

（1）角反射器沿距离向布设不少于5个；

（2）角反射器的布设应均匀布设，并充满整个距离向观测带；

（3）角反射器口面应指向雷达视线方向，角反射器方位角应小于5°；

（4）角反射器定位点偏离设计位置的三维坐标偏差应小于1cm；

（5）角反射器布设时，底面斜边应水平，误差小于3°。

图3.11　X／P波段定标场角反射器布设图

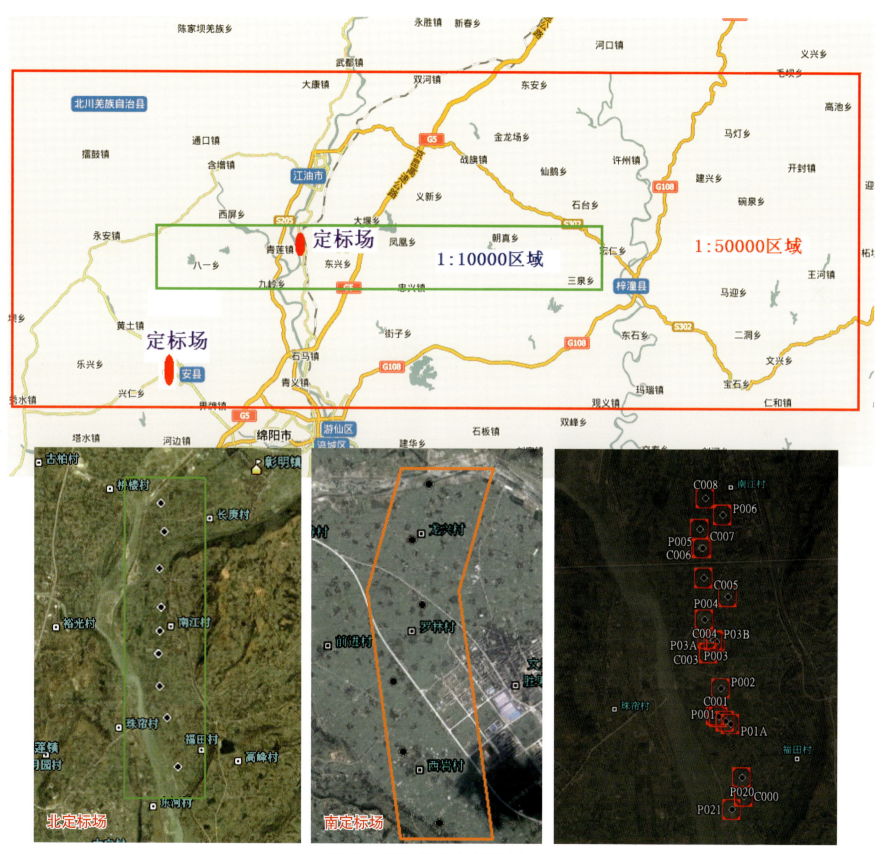

图3.12 示范区定标场角反射器布设图

3.4.4 控制点布设要求

每个测绘带上沿方位向布设若干列，1∶10 000 测图时，两列间距不大于 20 km；1∶50 000 测图时，两列间距不大于 30 km。每列不少于3个控制点，控制点应充满距离向，均匀分布覆盖整个测区范围，相邻测绘带控制点应尽可能公用，不能公用时应分别布点。

图3.13　控制点角反射器布设

图3.14　控制点角反射器测量

3.5 基于SAR影像的调绘方法

在示范区开展了5 000多平方千米的基于SAR影像的调绘，先后形成了4种调绘方法：野外判读调绘方法、基于特征库的室内判调方法、P+X波段的综合调绘方法、野外实测方法，这些方法为机载InSAR技术的应用推广奠定了良好的基础。

3.5.1 野外判读调绘方法

野外调绘使用正射影像图进行。作业前根据测区的实地情况，制定统一的取舍标准。

图3.15 示范区野外判读调绘

3.5.2 基于特征库的室内判调方法

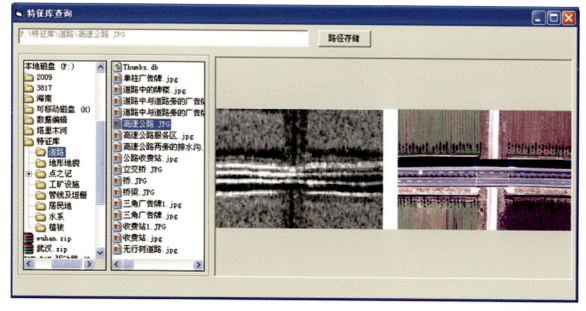

图3.16 基于特征库的室内判调

3.5.3　P+X波段综合调绘方法

图3.17　P+X波段综合调绘

3.5.4　野外实测调绘方法

图3.18　示范区野外实测调绘

3.6 机载InSAR测制3D产品技术方法

首次在国内大面积开展了1：10 000、1：50 000机载InSAR测制DEM、DOM、DLG数字测绘产品，并形成了机载InSAR系统测制3D产品技术规程，为机载InSAR地形测绘产业化发展奠定了技术基础。

3.6.1 机载InSAR测制数字高程模型（DEM）

（1）作业流程

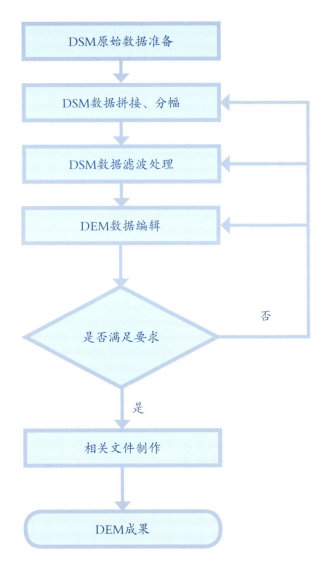

图3.19 机载InSAR测制DEM产品流程

（2）DEM

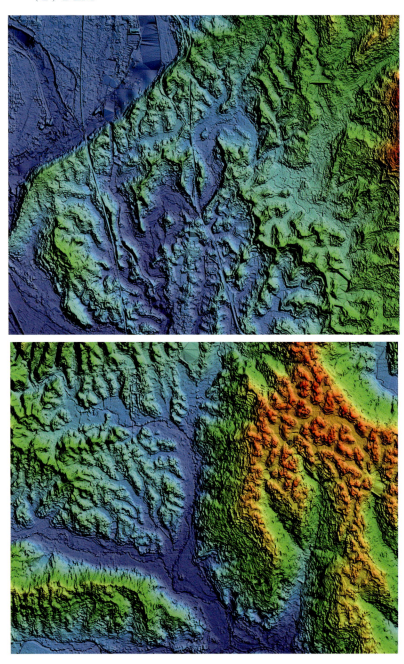

图3.20 1：10 000 DEM样图

图3.21　1∶50 000 DEM样图

（3）人机交互式滤波技术

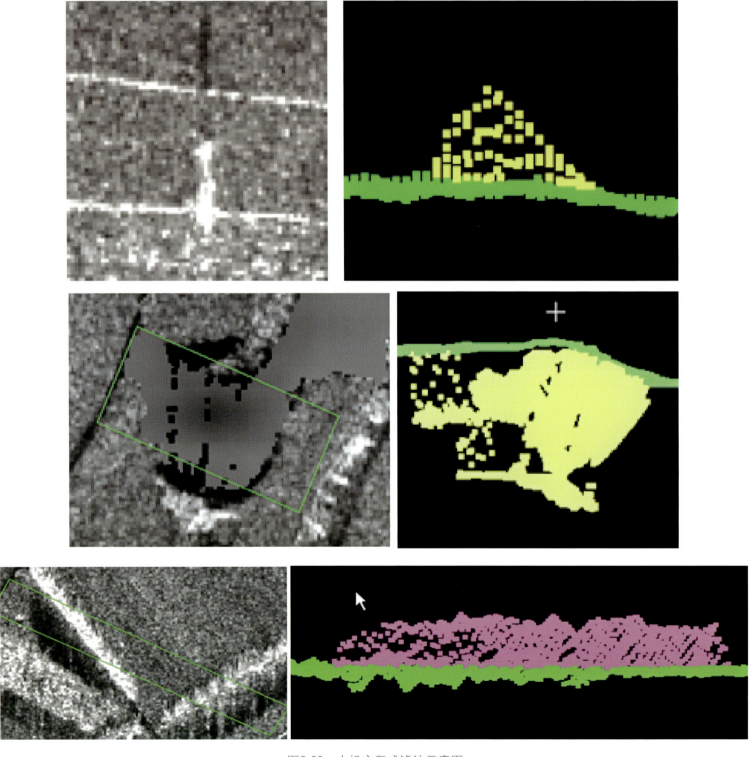

图3.22　人机交互式滤波示意图

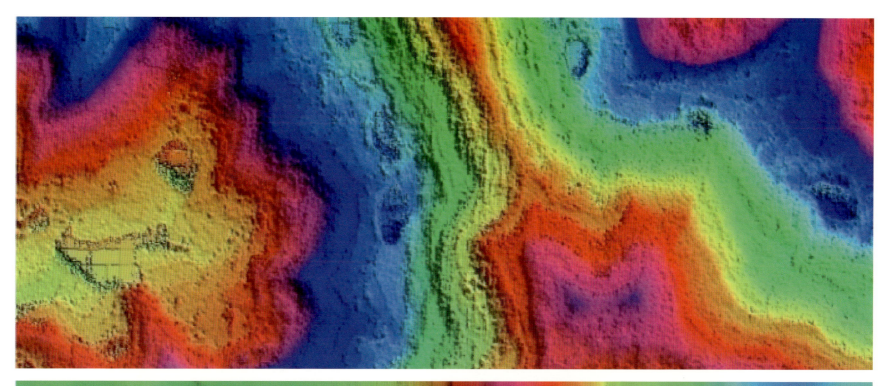

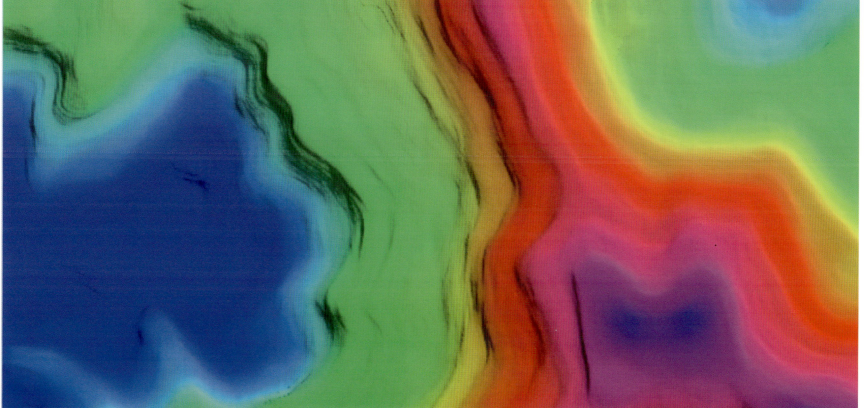

图3.23　程序自动滤波前后DEM样图

（4）DEM编辑技术

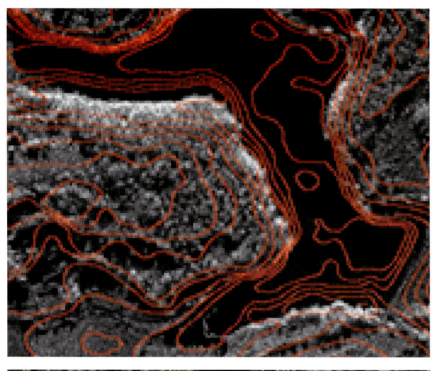

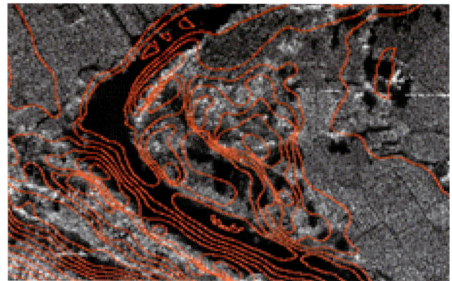

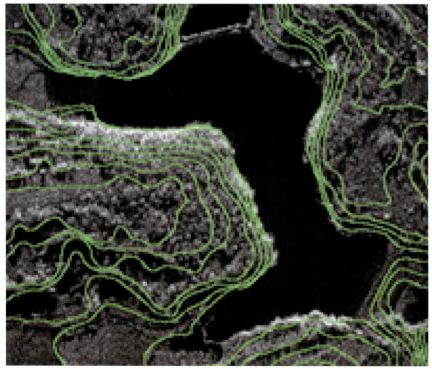

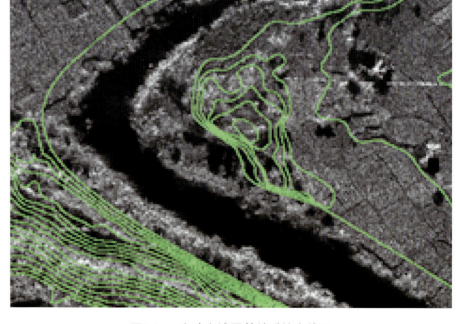

图3.25　流动水域平差前后等高线图

图3.24　静止水域置平前后等高线图

（5）DEM生成的等高线

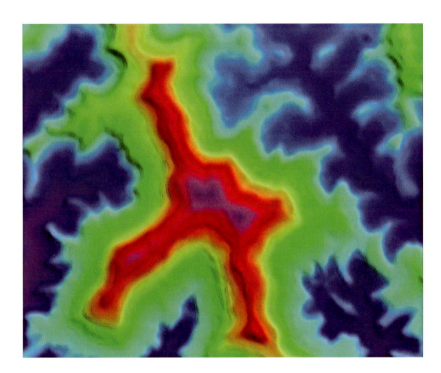

图3.26　DEM生成的等高线样图

3.6.2　机载InSAR测制数字正射影像图（DOM）

（1）作业流程

（2）DOM

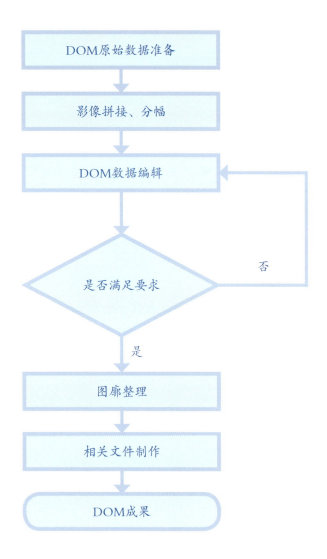

图3.27　机载InSAR技术生产DOM产品流程

图3.28　1：10 000 DOM样图

图3.29　1：50 000 DOM样图

（3）DOM编辑技术

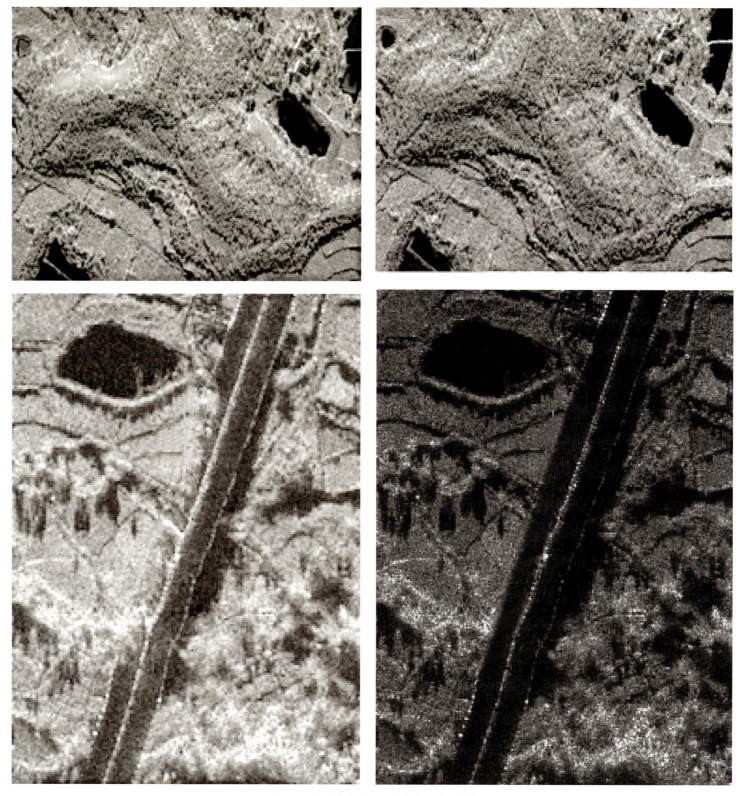

图3.30 DOM失真区、不合理区的编辑

3.6.3 机载InSAR测制数字线划图（DLG）

（1）作业流程

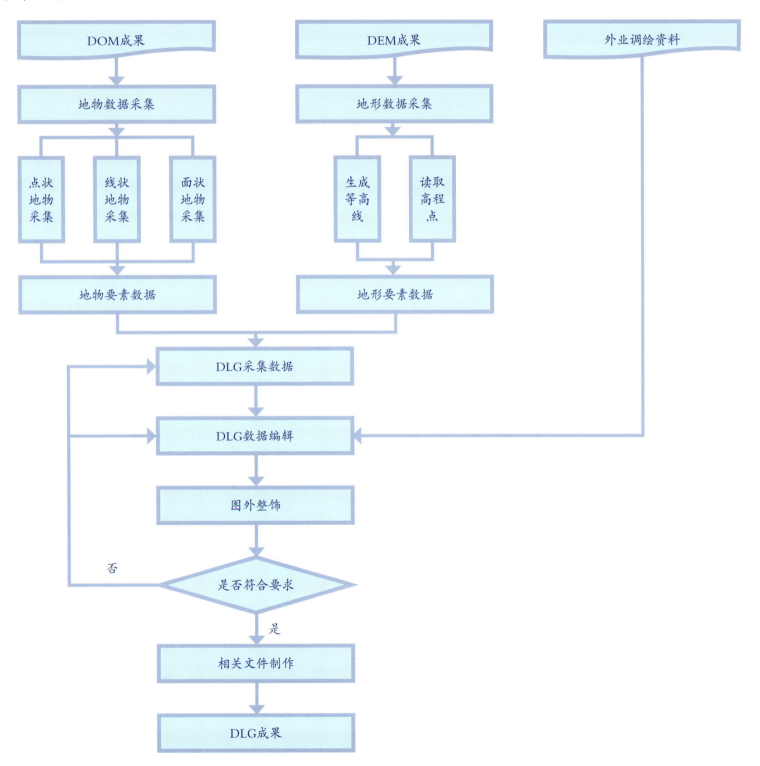

图3.31　DLG作业流程

（2）地物采集DOM数据成果

图3.32　基于DOM的DLG地物采集样图

（3）地形采集DEM数据成果

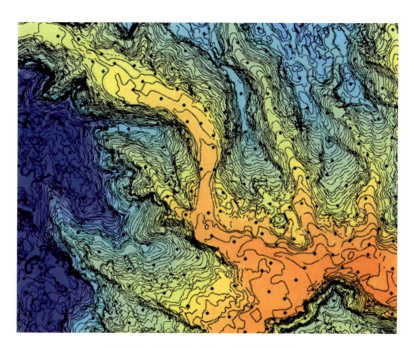

图3.33　基于DEM的DLG地形采集样图

（4）生成DLG线划要素图

图3.34　1∶10 000 DLG线划要素样图

图3.35　1∶50 000 DLG线划要素样图

3.6.4 机载InSAR测制 1∶10 000 DEM、DOM、DLG 线划要素样图

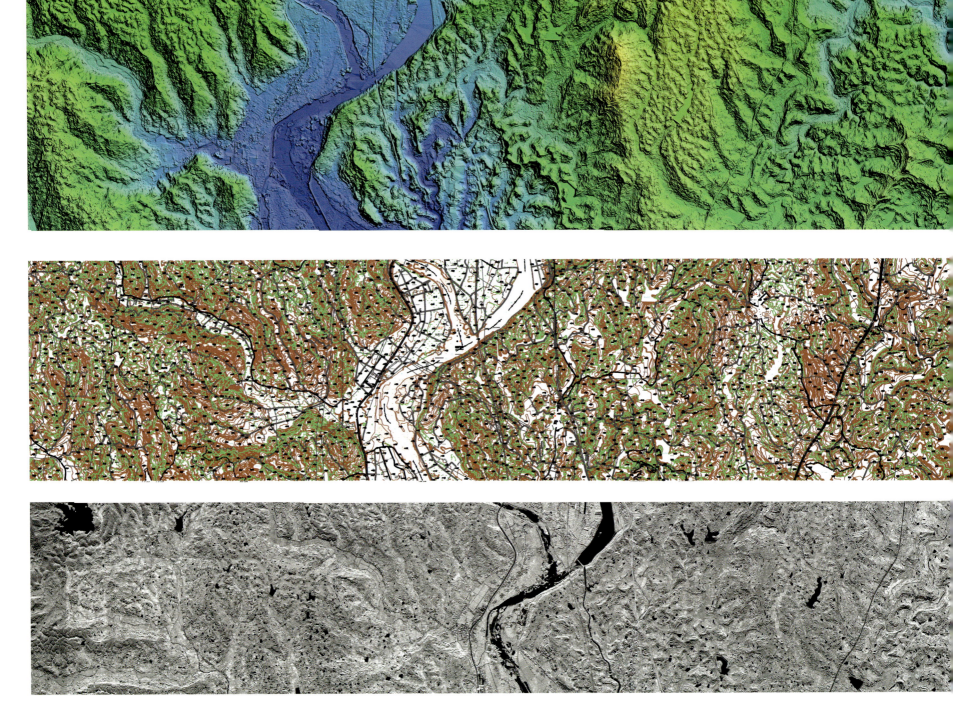

图3.36 示范区1∶10

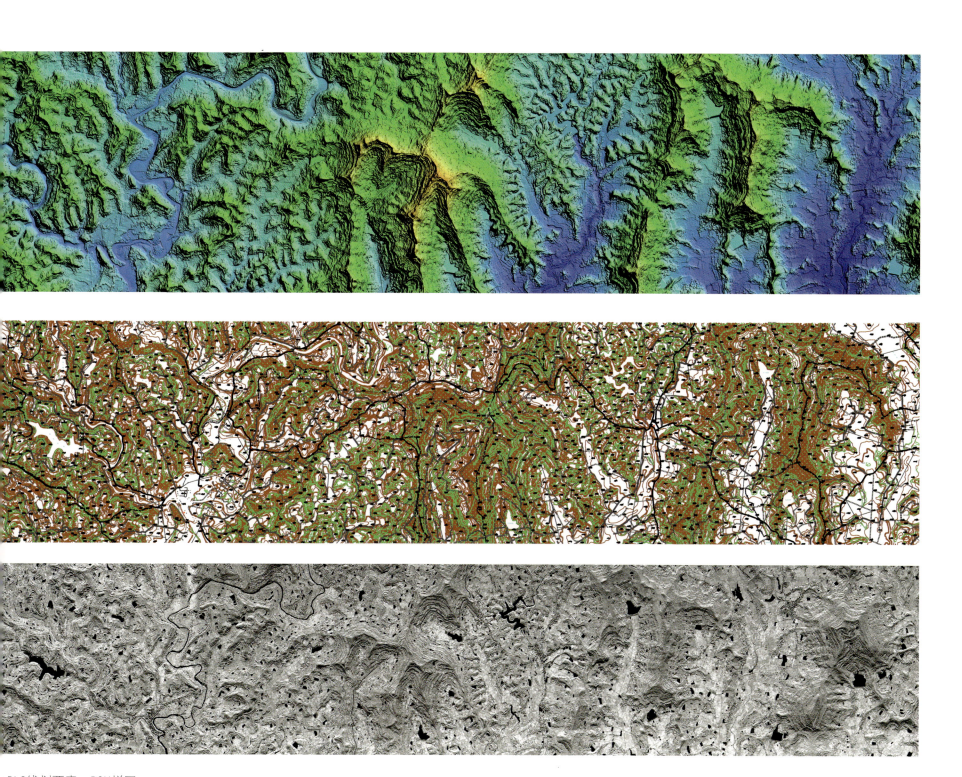

DLG线划要素、DOM样图

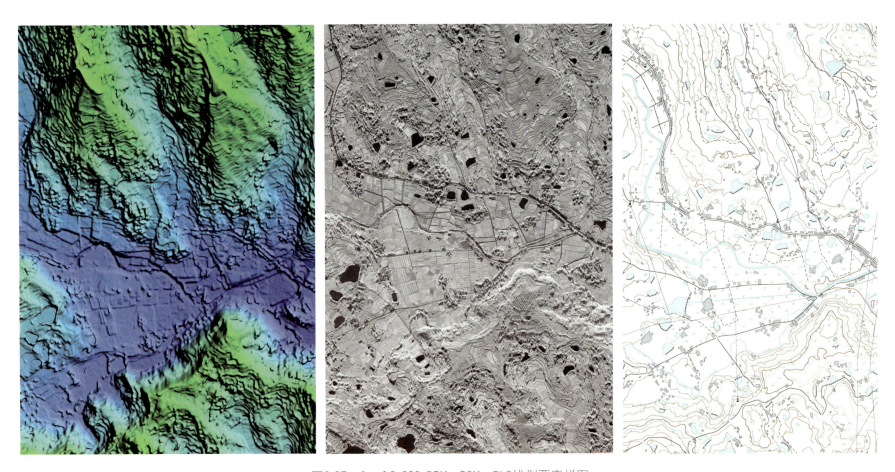

图3.37　1∶10 000 DEM、DOM、DLG线划要素样图

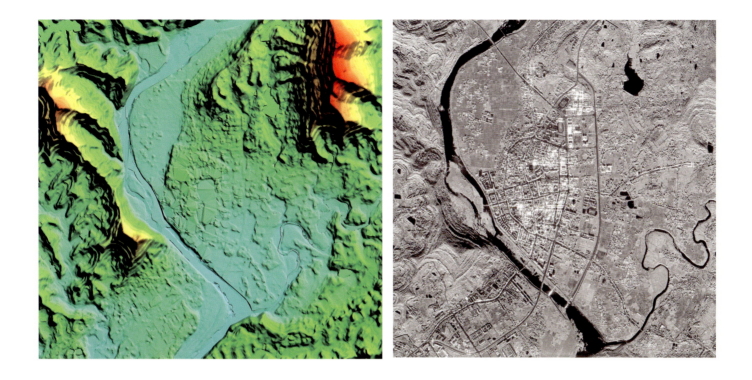

图3.38　1：50 000 DEM、DOM（集镇）样图

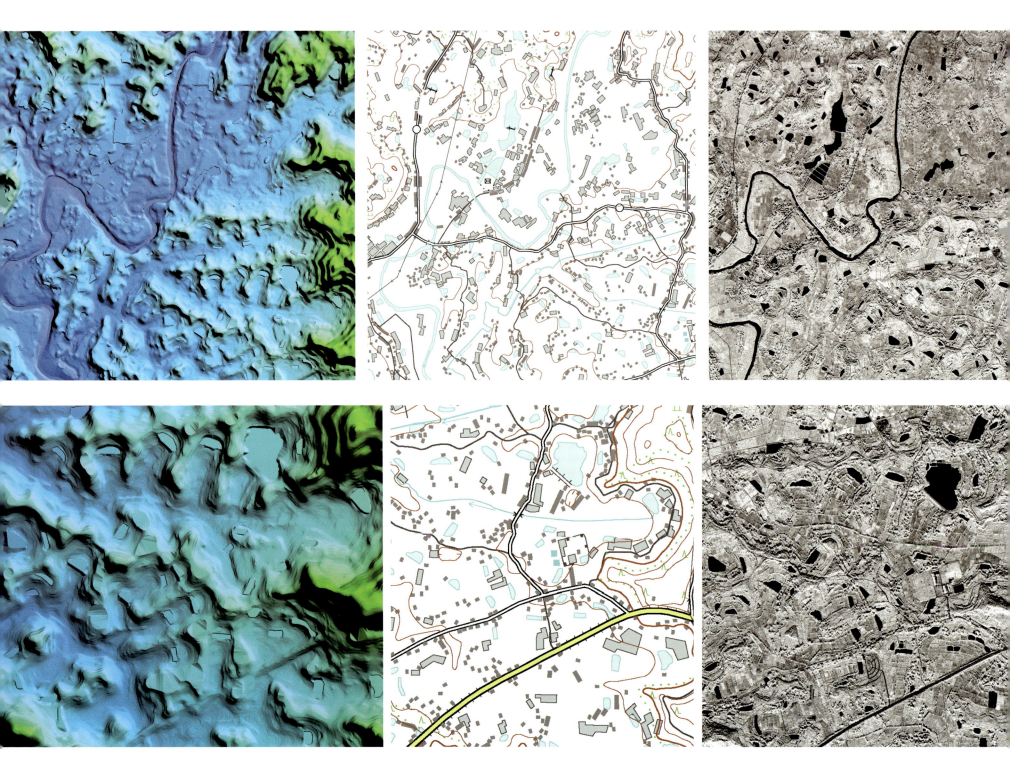

图3.39　1：50 000 DEM、DLG线划要素、DOM（村庄）样图

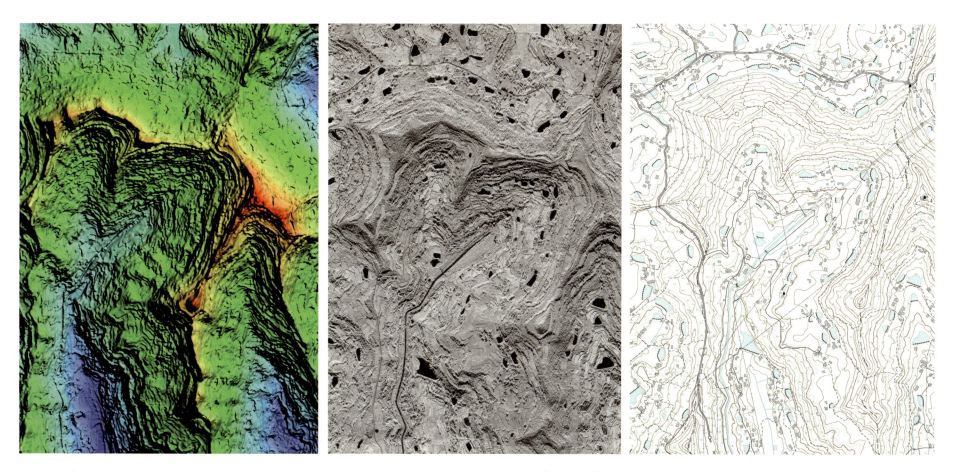

图3.40 1∶10 000 DEM、DOM、DLG线划要素样图

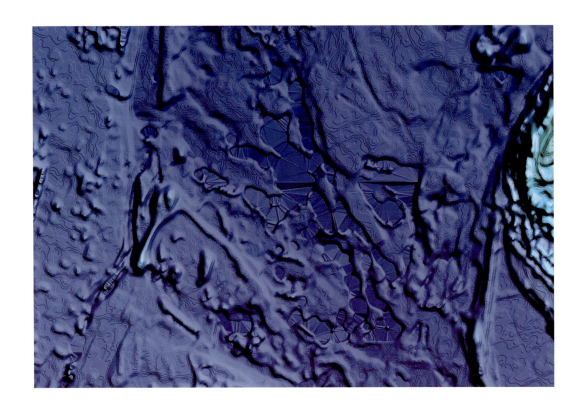

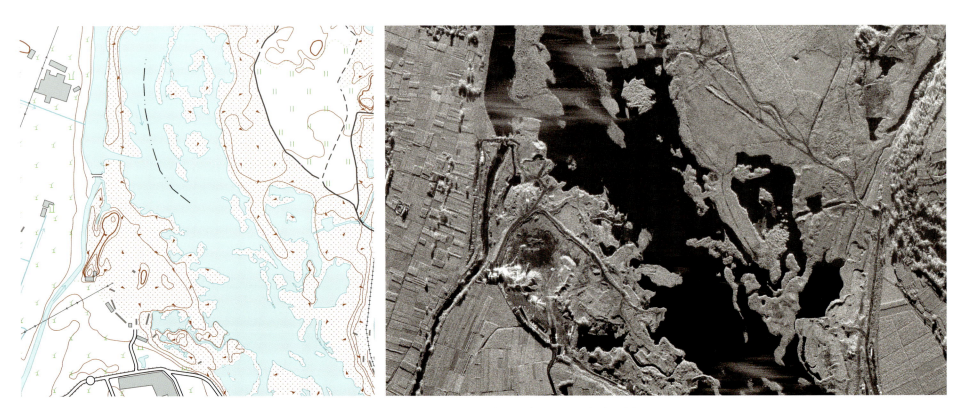

图3.41　1∶10 000 DEM、DLG线划要素、DOM（岸滩）样图

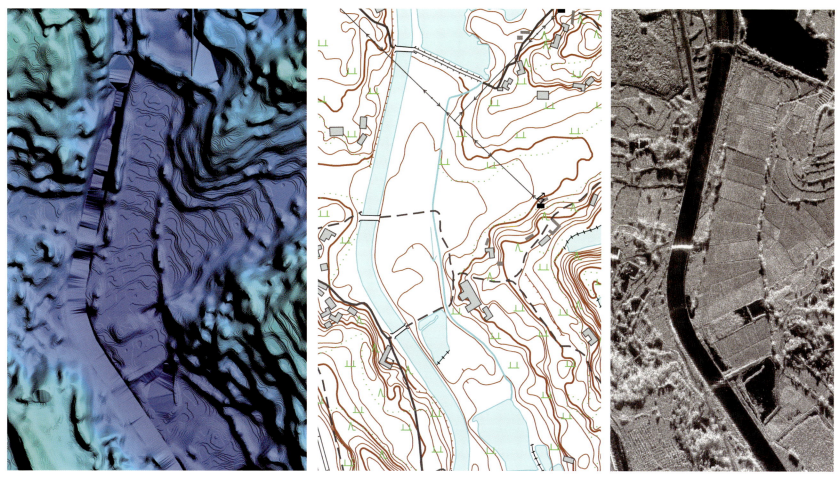

图3.42　1∶10 000 DEM、DLG线划要素、DOM（沟渠）样图

图3.43　1∶10 000 DEM、DLG线划要素、DOM（输水隧道）样图

 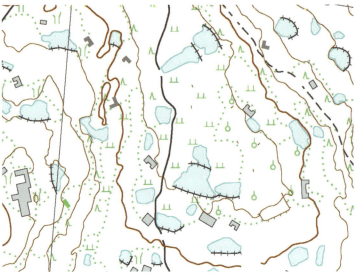 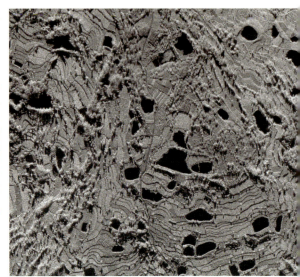

图3.44　1∶10 000 DEM、DLG线划要素、DOM（池塘）样图

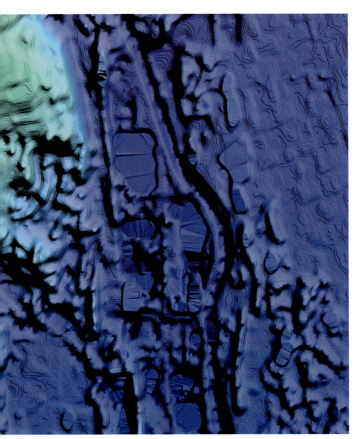  

图3.45　1∶10 000 DEM、DLG线划要素、DOM（鱼塘）样图

图3.46 1∶10 000 DEM、DLG线划要素、DOM（拦水坝）样图

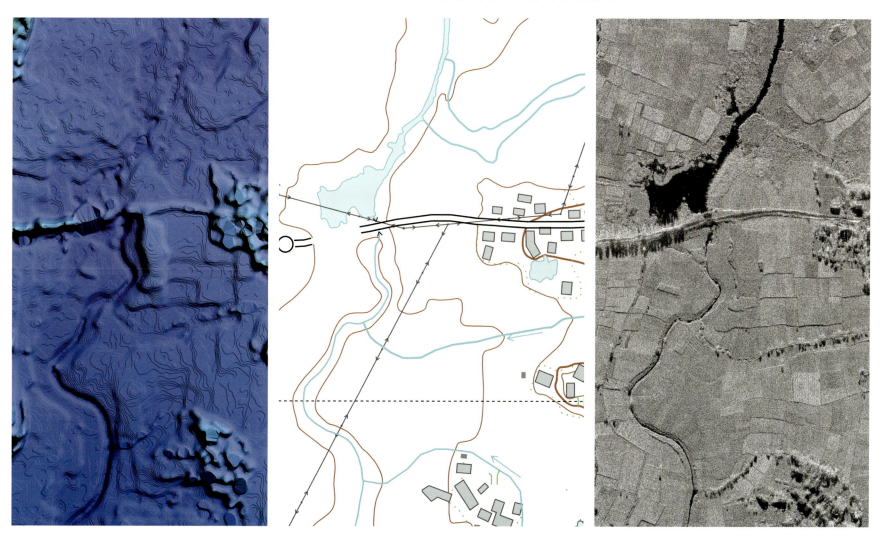

图3.47 1∶10 000 DEM、DLG线划要素、DOM（沟渠）样图

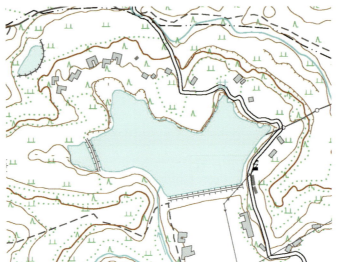

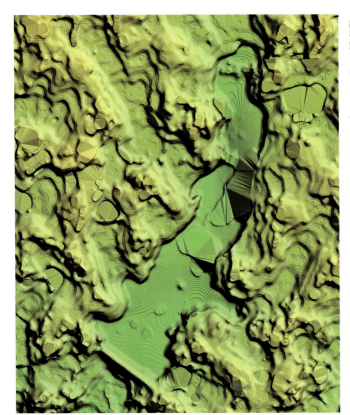

图3.48 1∶10 000 DEM、DLG线划要素、DOM（水库）样图

3.6.5　机载InSAR测制1∶50 000 DEM、DOM、DLG

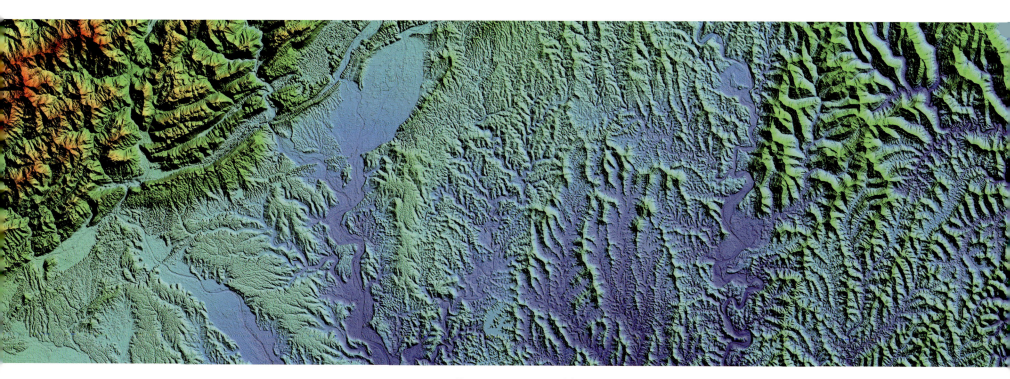

图3.49　示范区1∶50 000 DEM样图

图3.50 1∶50 000 DEM、DOM、DLG线划要素样图

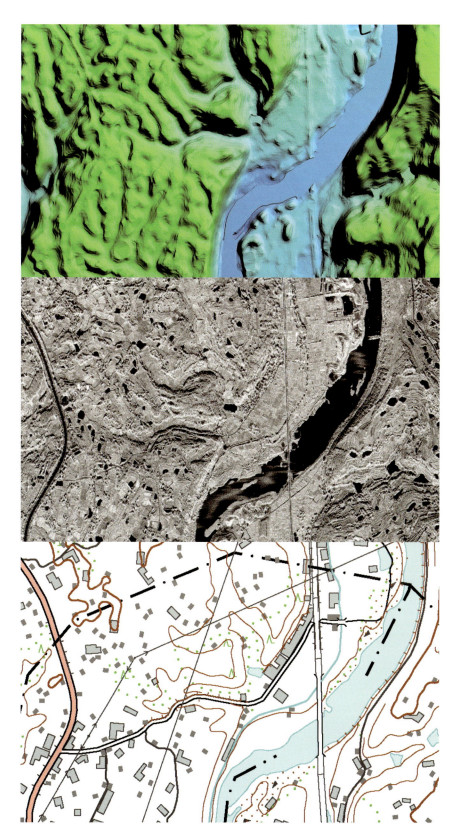

图3.51　1∶50 000 DEM、DOM、DLG线划要素（河流与铁路桥）样图

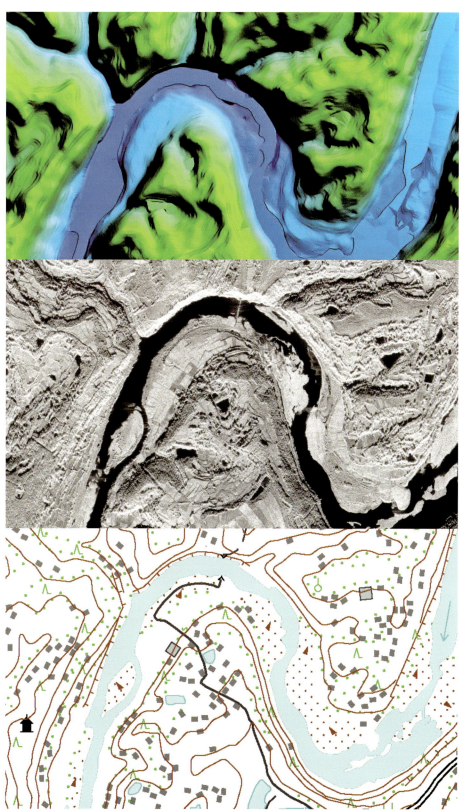

图3.52　1∶50 000 DEM、DOM、DLG线划要素（岸滩）样图

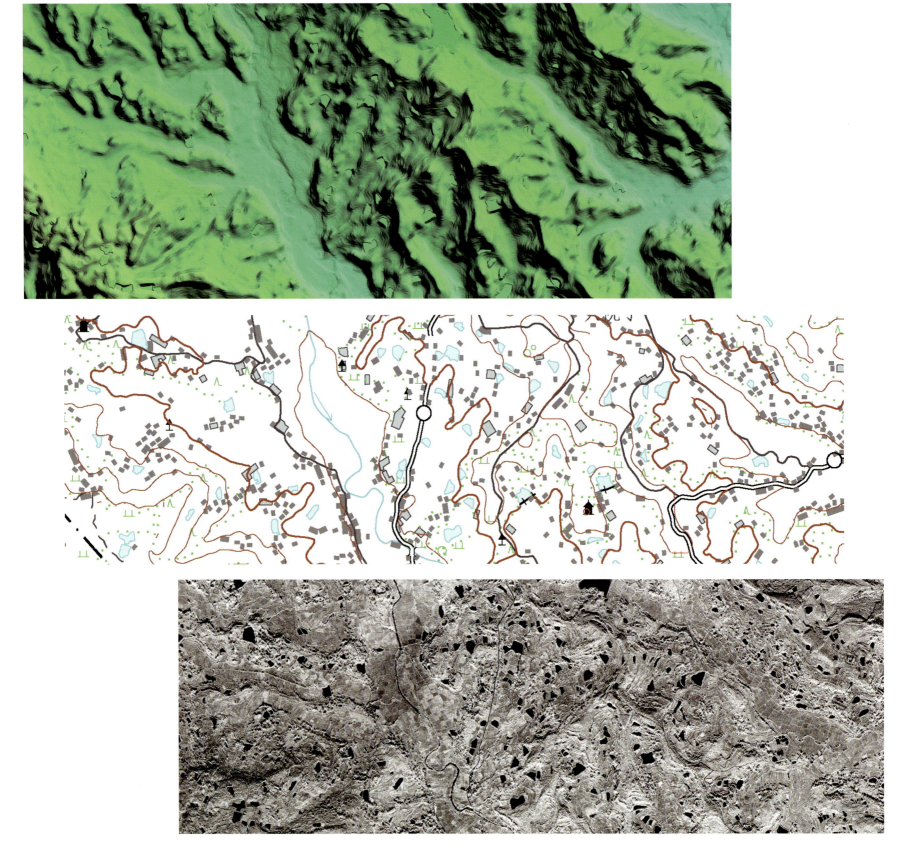

图3.53 1∶50 000 DEM、DLG线划要素、DOM（山地）样图

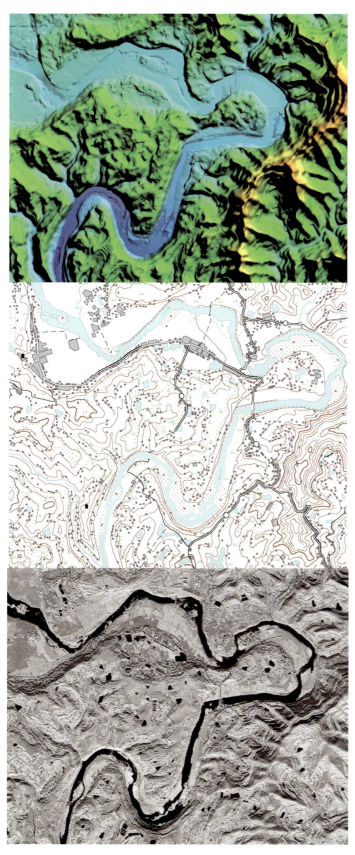

图3.54 1：50 000 DEM、DLG线划要素、DOM（河流）样图

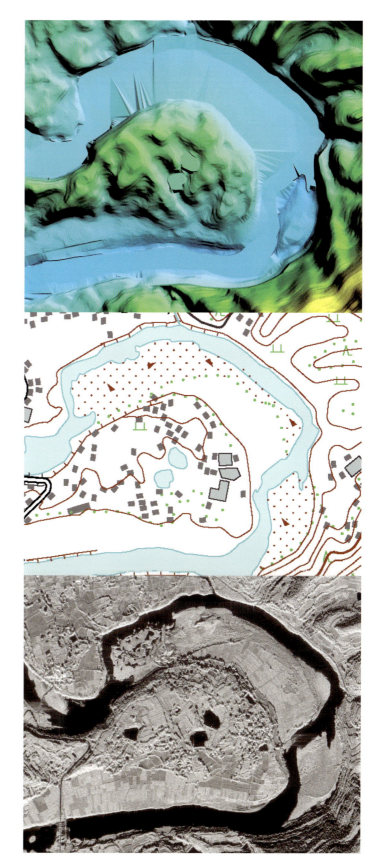

图3.55 1：50 000 DEM、DLG线划要素、DOM（河流与岸滩）样图

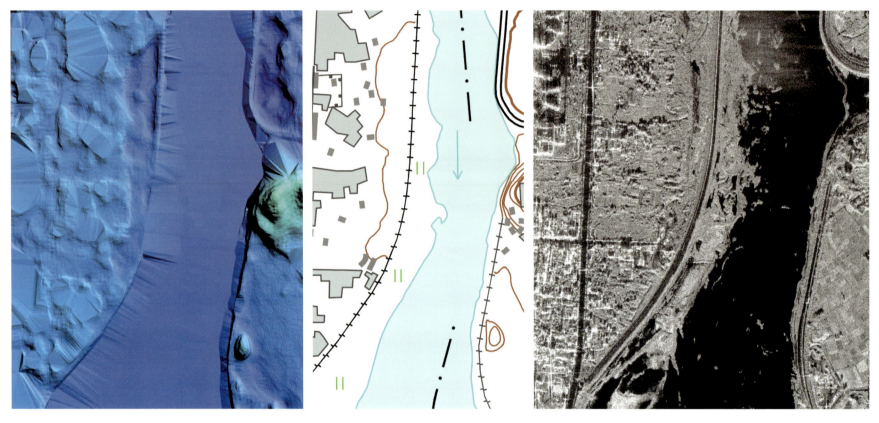

图3.56　1：50 000 DEM、DLG线划要素、DOM（堤）样图

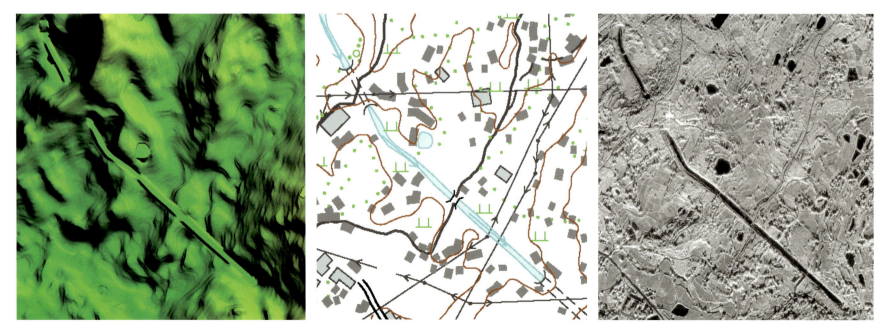

图3.57　1：50 000 DEM、DLG线划要素、DOM（人工水渠）样图

图3.58　1∶50 000 DEM、DLG线划要素、DOM（涵洞与输水槽）样图

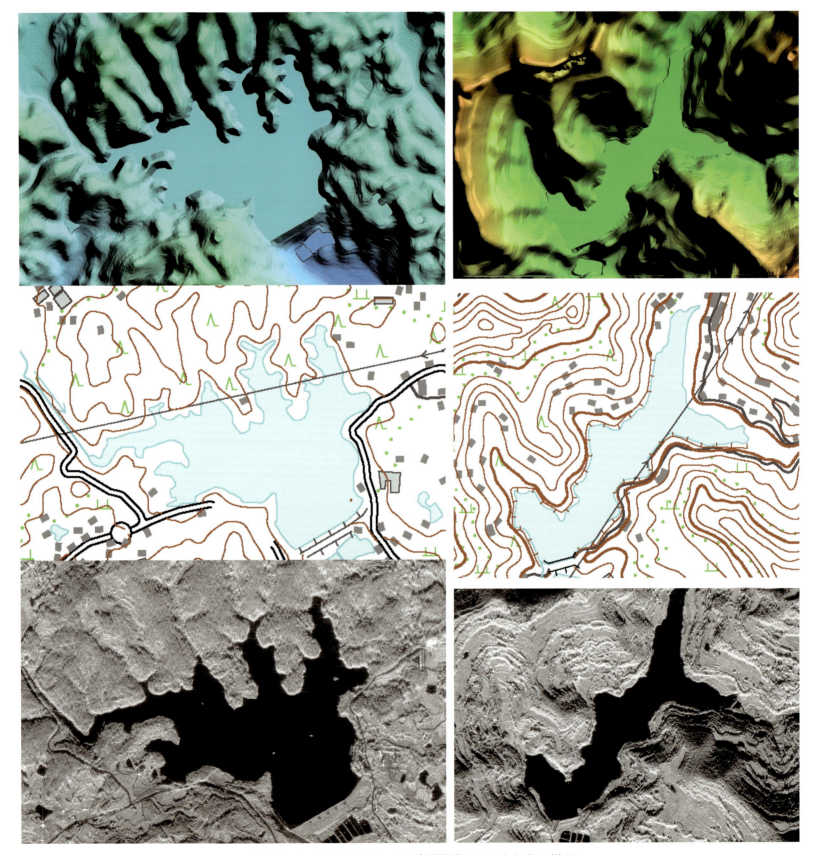

图3.59　1∶50 000 DEM、DLG线划要素、DOM（水库）样图

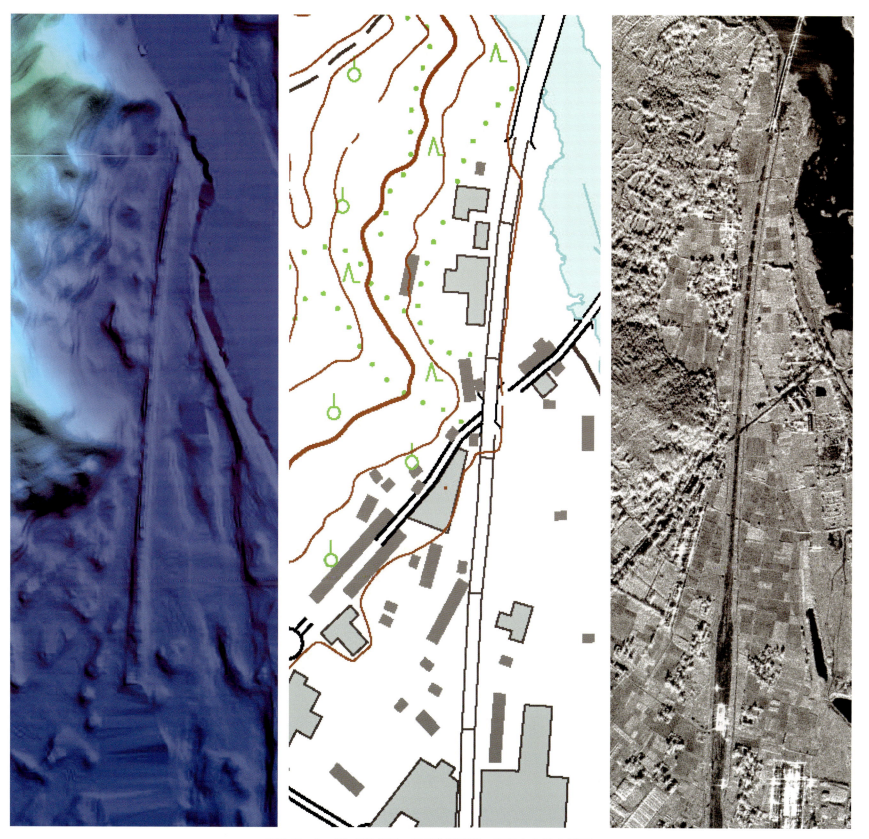

图3.60　1∶50 000 DEM、DLG线划要素、DOM（高铁）样图

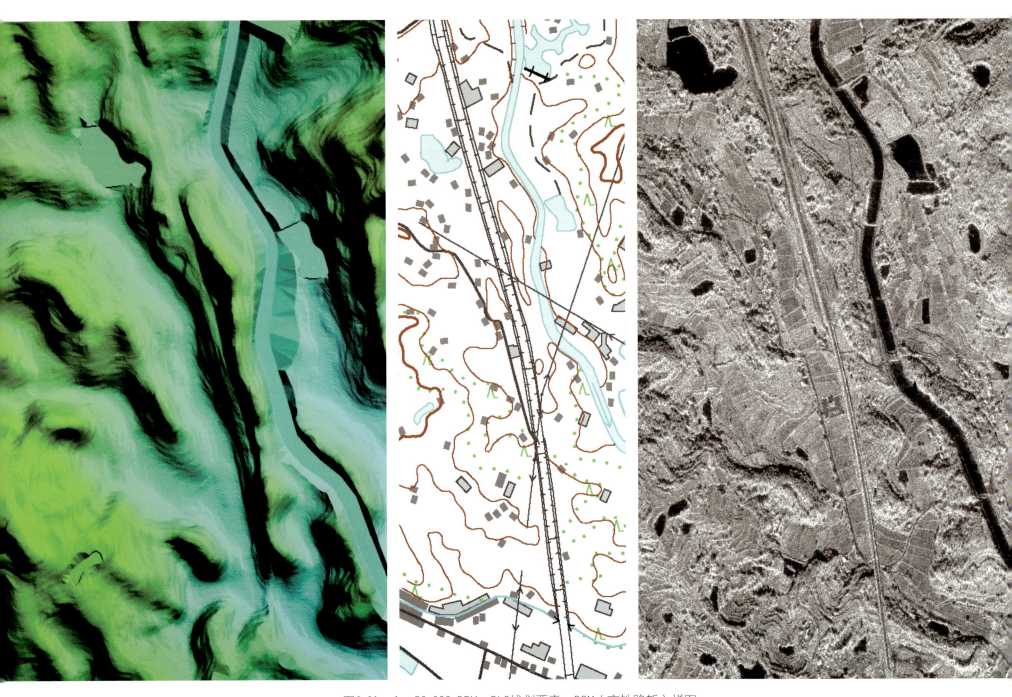

图3.61　1∶50 000 DEM、DLG线划要素、DOM（高铁路堑）样图

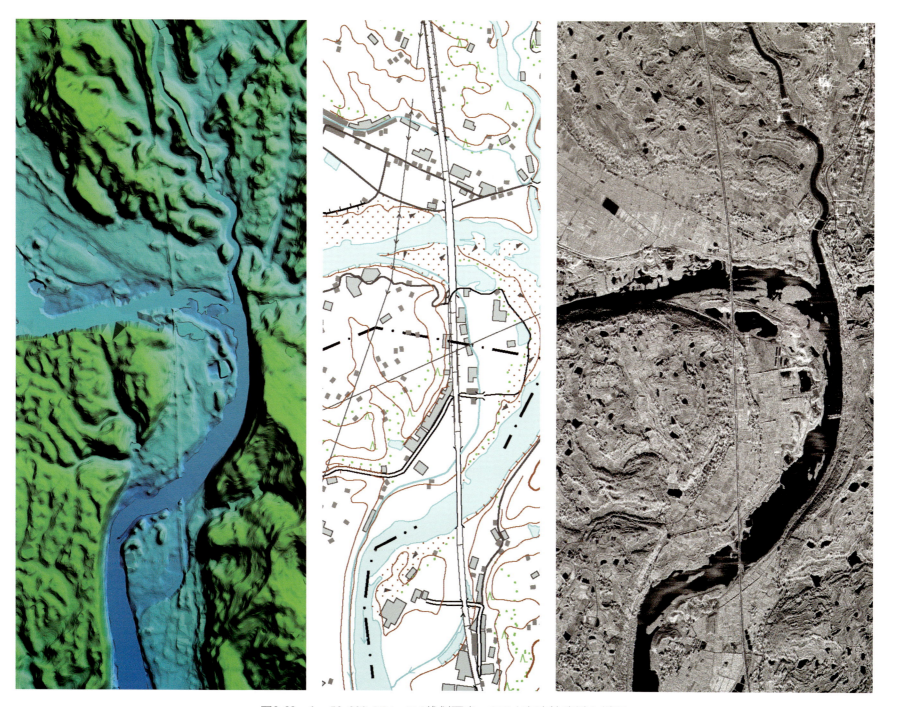

图3.62　1∶50 000 DEM、DLG线划要素、DOM（高速铁路桥）样图

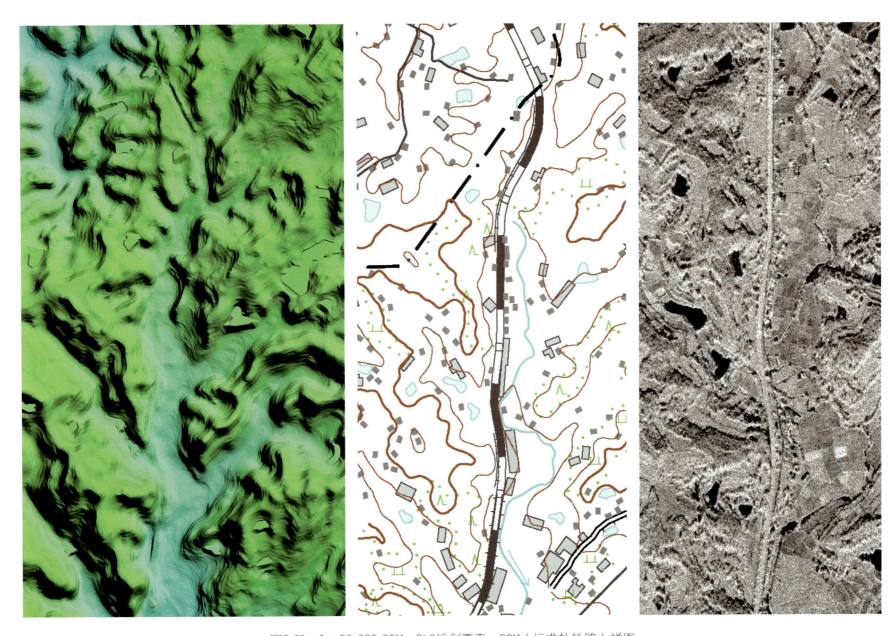

图3.63 1∶50 000 DEM、DLG线划要素、DOM（标准轨铁路）样图

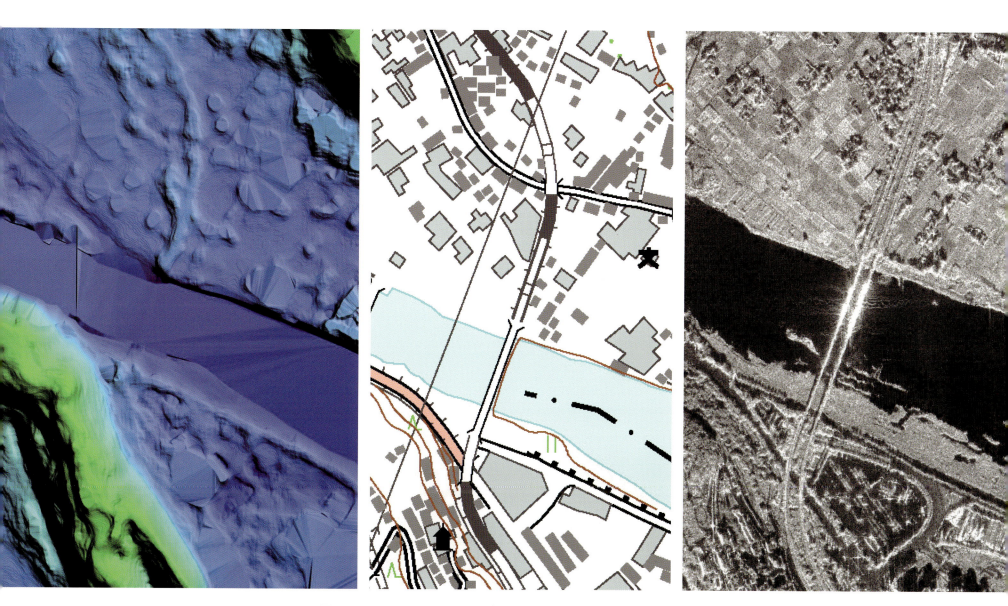

图3.64　1∶50 000 DEM、DLG线划要素、DOM（铁路桥）样图

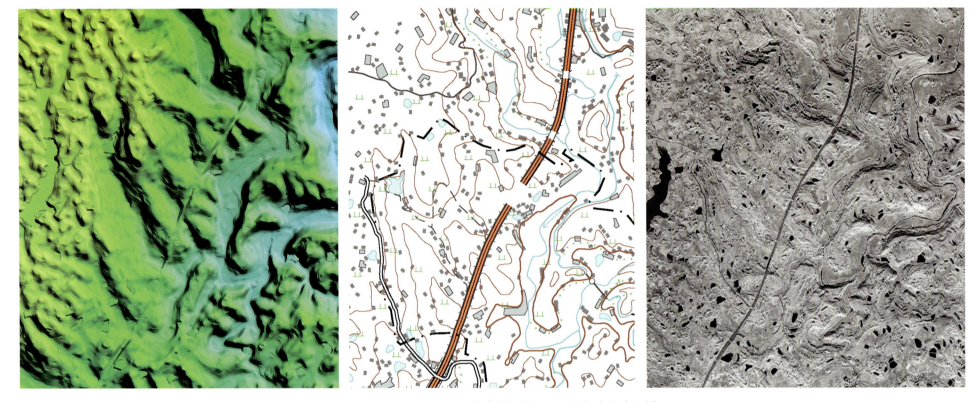

图3.65　1∶50 000 DEM、DLG线划要素、DOM（高速公路）样图

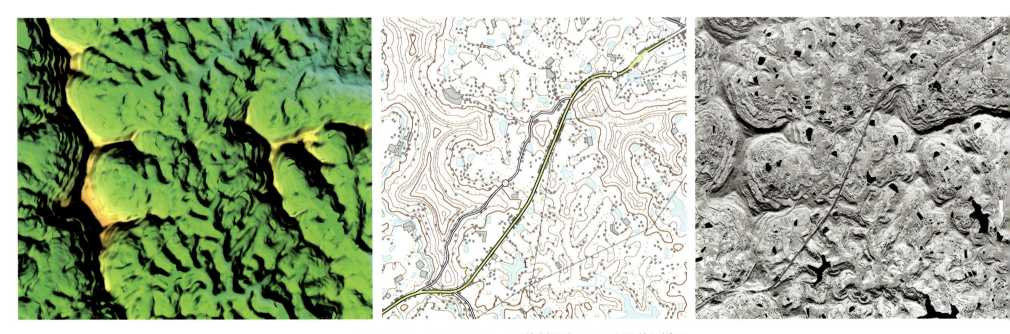

图3.66　1∶50 000 DEM、DLG线划要素、DOM（国道）样图

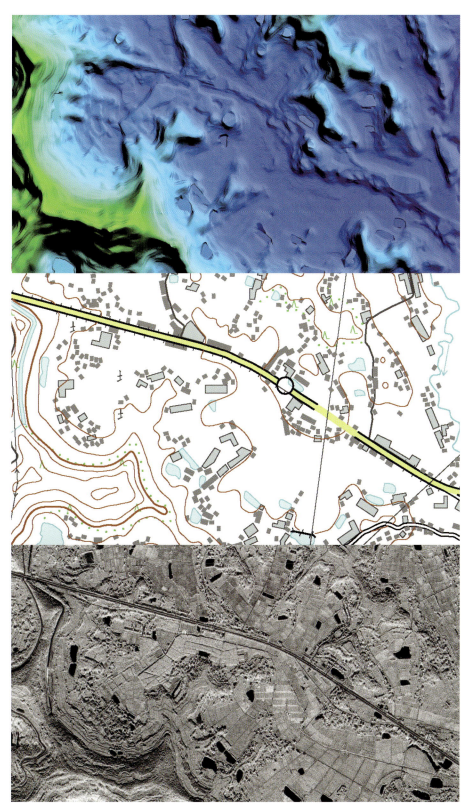

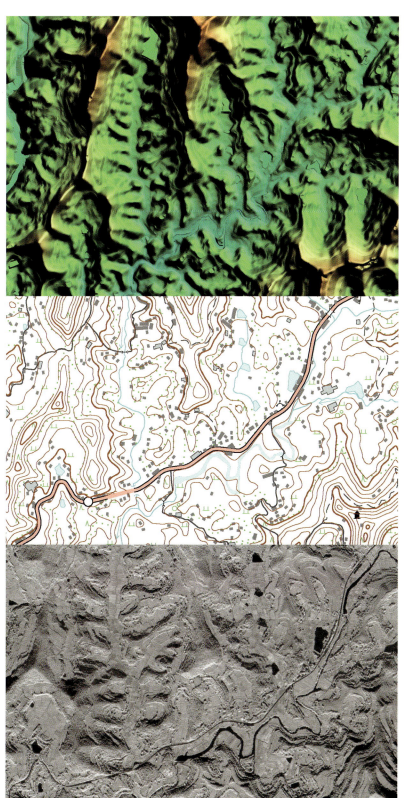

图3.67　1∶50 000 DEM、DLG线划要素、DOM（国道）样图　　　　图3.68　1∶50 000 DEM、DLG线划要素、DOM（省道）样图

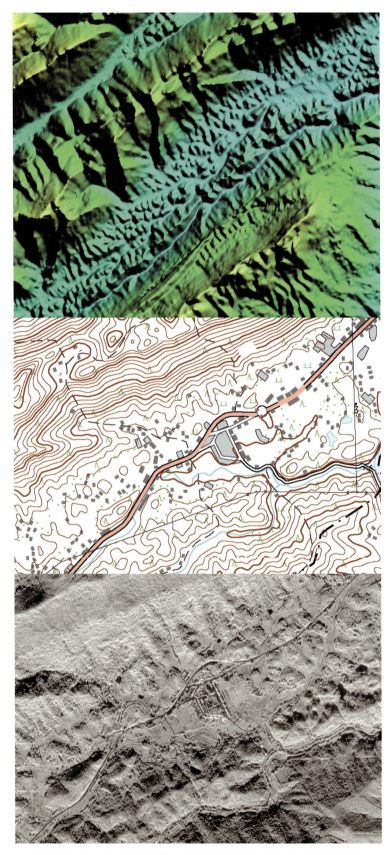

图3.69　1：50 000 DEM、DLG线划要素、DOM（省道）样图　　　　图3.70　1：50 000 DEM、DLG线划要素、DOM（乡道）样图

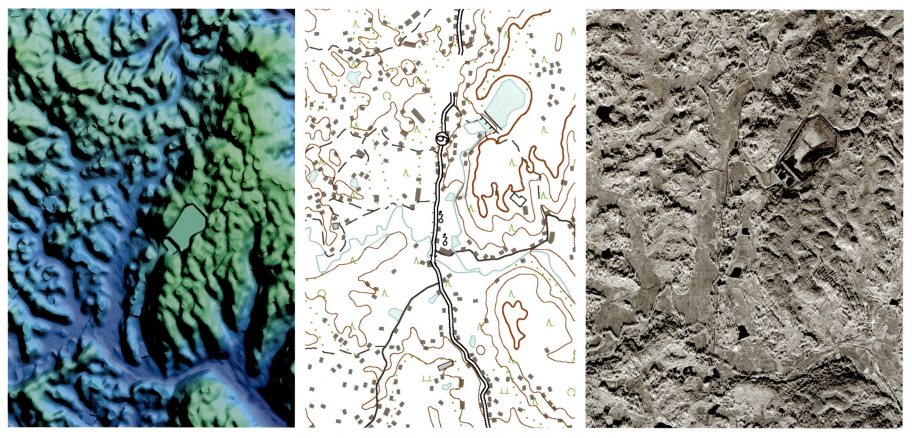

图3.71 1：50 000 DEM、DLG线划要素、DOM（县道）样图

图3.72 1：50 000 DEM、DLG线划要素、DOM（公路隧道）样图

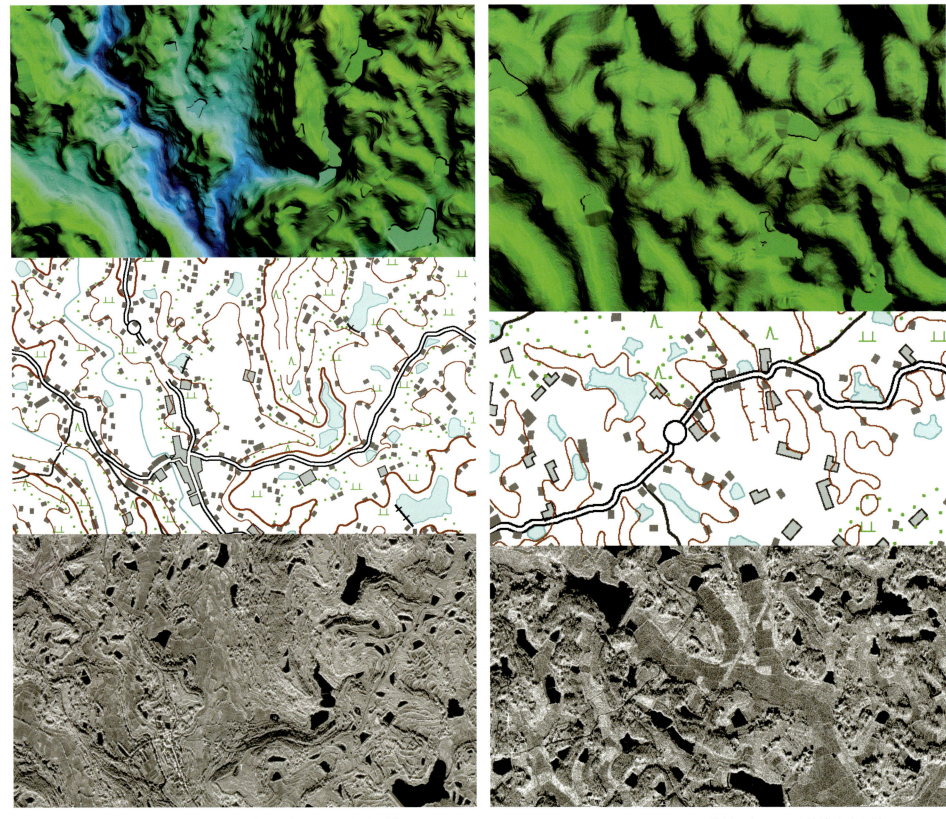

图3.73　1：50 000 DEM、DLG线划要素、DOM（乡道）样图　　　　图3.74　1：50 000 DEM、DLG线划要素、DOM（等外公路）样图

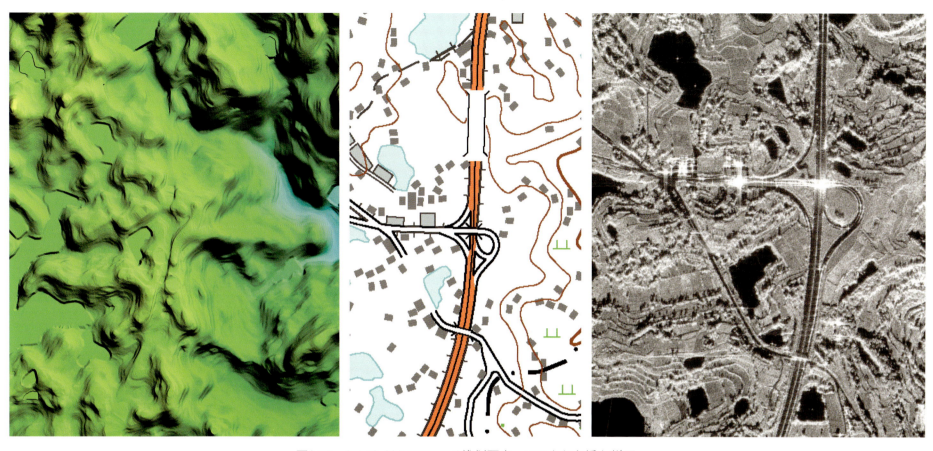

图3.75　1∶50 000 DEM、DLG线划要素、DOM（立交桥）样图

图3.76　1∶50 000 DEM、DLG线划要素、DOM（高速公路收费站）样图

图3.77 1:50 000 DEM、DLG线划要素、DOM（立交桥）样图

图3.78 1:50 000 DEM、DLG线划要素、DOM（高速公路桥）样图

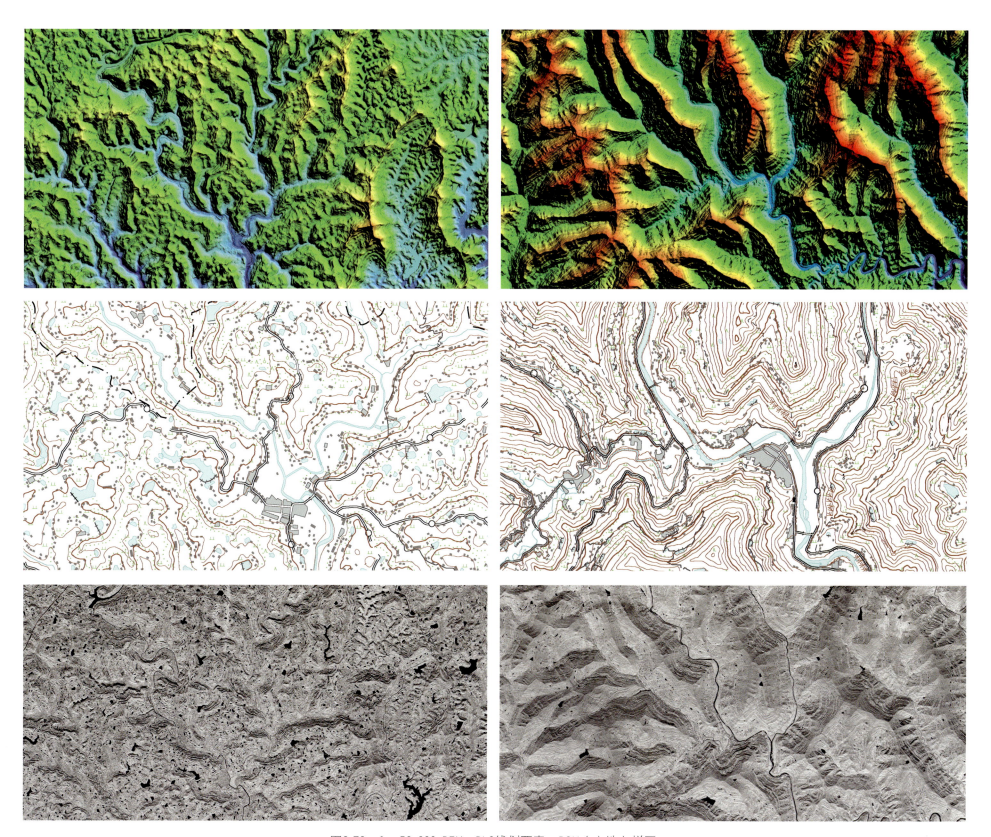

图3.79　1∶50 000 DEM、DLG线划要素、DOM（山地）样图

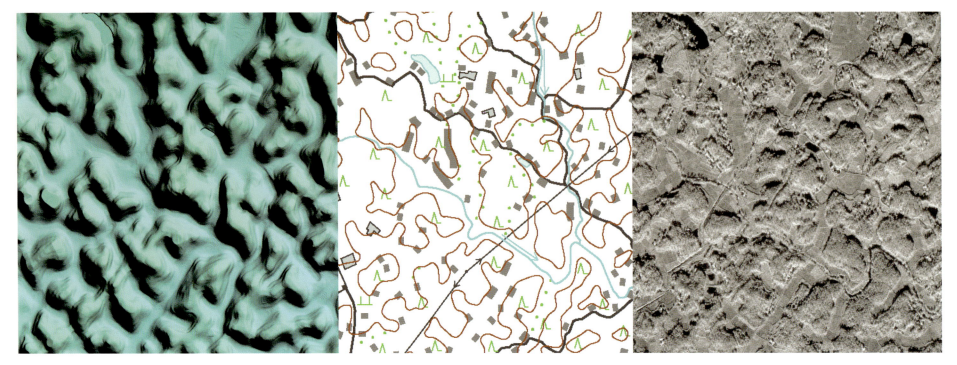

图3.80　1∶50 000 DEM、DLG线划要素、DOM（丘陵地）样图

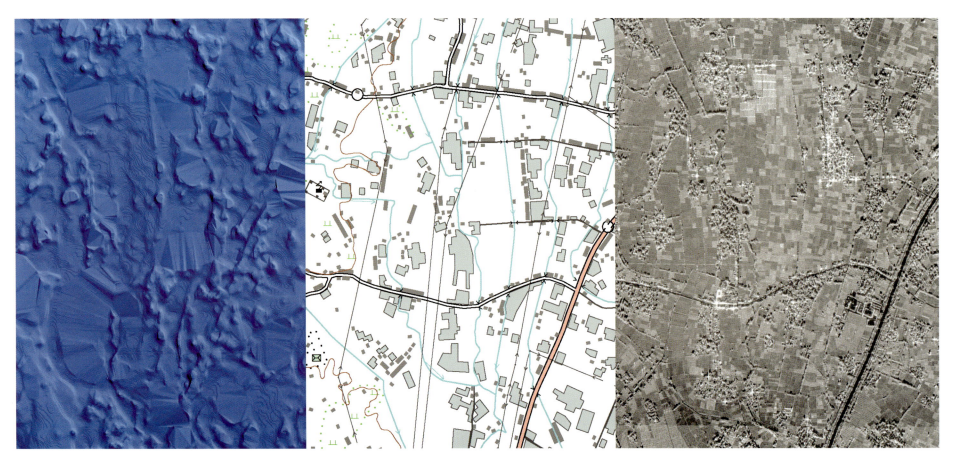

图3.81　1∶50 000 DEM、DLG线划要素、DOM（平地）样图

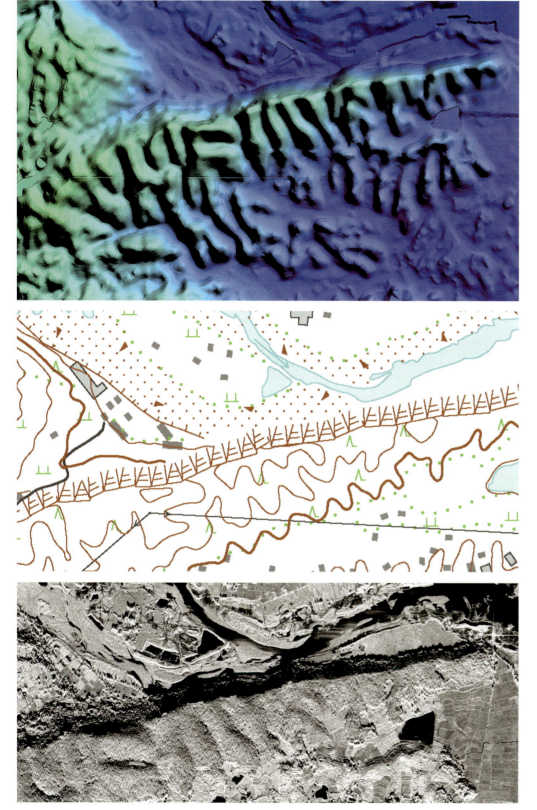

图3.82　1：50 000 DEM、DLG线划要素、DOM（陡崖）样图

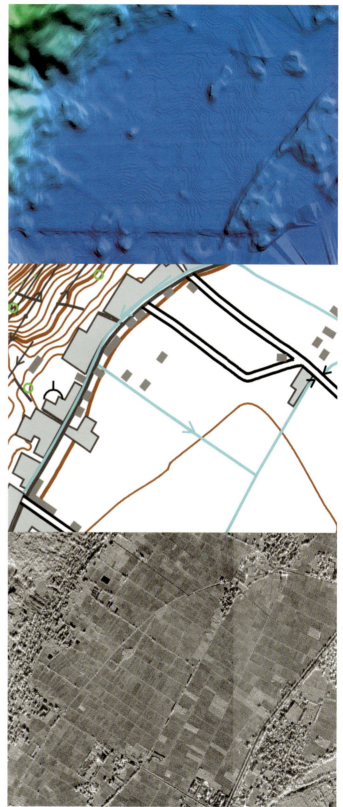

图3.83　1：50 000 DEM、DLG线划要素、DOM（稻田）样图

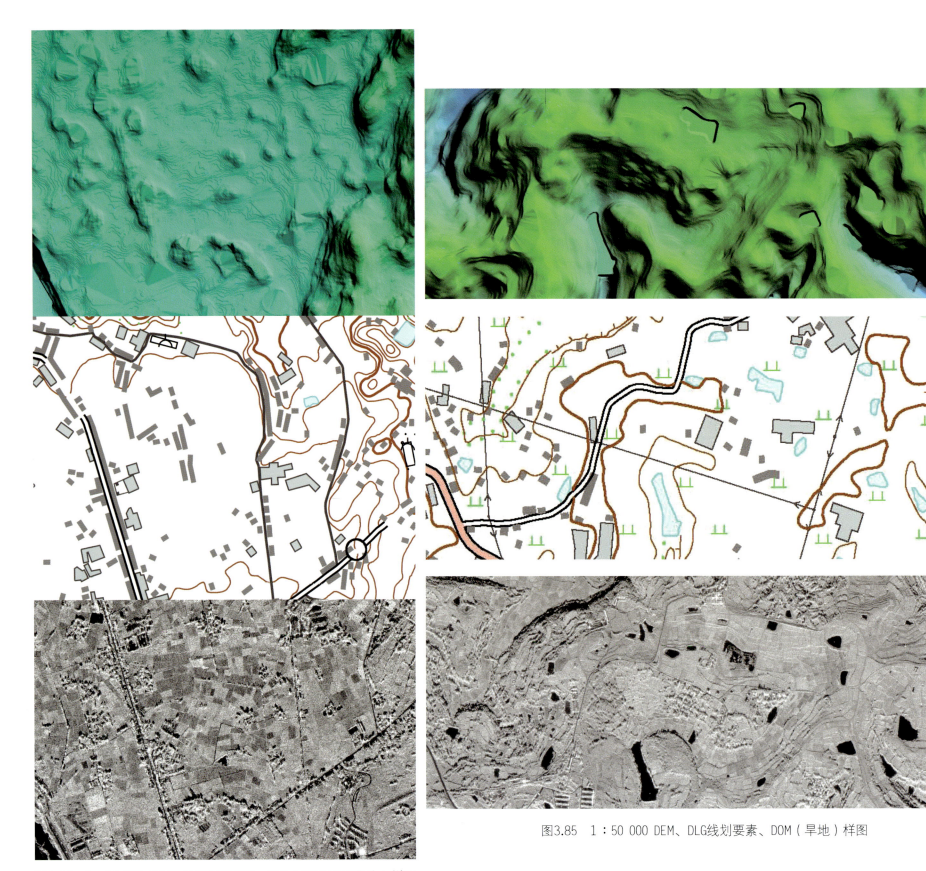

图3.85　1：50 000 DEM、DLG线划要素、DOM（旱地）样图

图3.84　1：50 000 DEM、DLG线划要素、DOM（稻田与居民地）样图

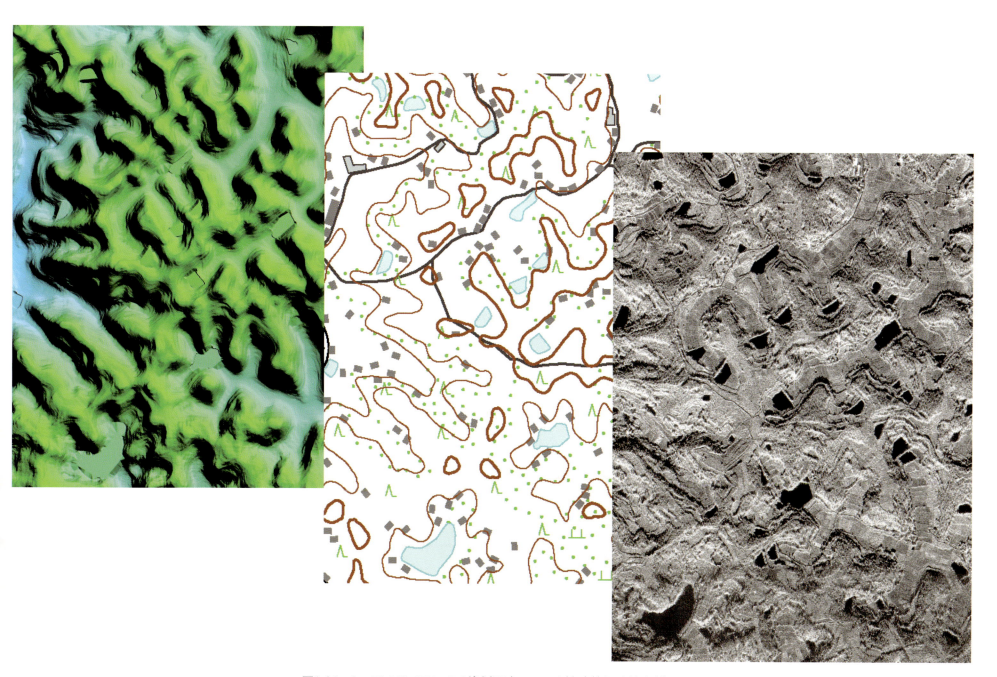

图3.86 1:50 000 DEM、DLG线划要素、DOM(针叶林与池塘)样图

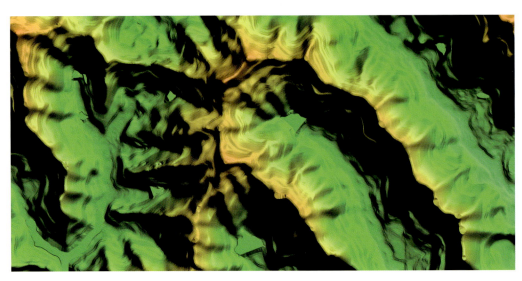

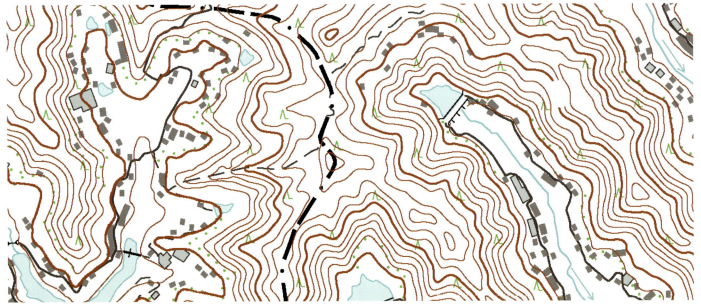

图3.87 1∶50 000 DEM、DLG线划要素、DOM（针叶林与旱地）样图

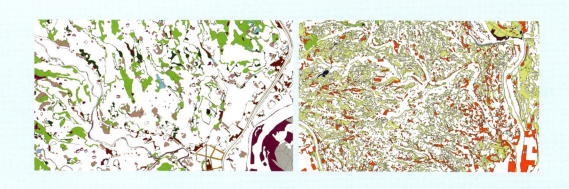

第 4 章　机载InSAR在土地利用调查中的应用

4.1 试验区概况

4.1.1 土地利用调查的主要内容

（1）土地利用调查的含义

土地利用调查亦称土地资源数量调查，即通过勘测调查手段，查清一个国家、地区各种土地利用分类面积、土地利用状况及其空间分布特点，编制土地利用现状图，了解土地利用存在问题，总结开发利用经验教训，提出合理利用土地的意见，为进行土地利用分类和研究，制订国民经济计划和土地政策，开展国土整治、土地规划、科学管理土地等工作服务。

（2）土地利用调查的主要内容

各类用地的自然环境、社会经济条件等及其发展演变；

各类用地的数量、质量、分布规律和土地利用构成特点；

分析土地利用现状特点、存在问题及经验教训，指出开发利用的方向、途径和潜力；

土地利用分类和土地利用图编制；

调查区域土地总面积及各类用地面积量算等。

（3）土地利用现状调查目的和意义

土地调查的目的是全面查清土地资源和利用状况，掌握真实准确的土地基础数据，为科学规划、合理利用、有效保护土地资源，实施最严格的耕地保护制度，加强和改善宏观调控提供依据，促进经济社会全面可持续发展。

（4）土地利用现状分类

依据土地的用途、经营特点、利用方式和覆盖特征等因素对土地进行的一种分类。2007年9月3日发布新的土地分类标准，采用二级分类体系：一级类12个，二级类57个。

（5）调查方法

以地形图和航（卫）片等影像图片为工作底图，利用收集到的有用资料，通过外业对实地的地类、界线、权属等土地信息加以辨认和判定，在工作底图上进行标绘、注记，在外业手簿上做好记录，对工作底图上未得到反映的地物，采用测量的方法予以补测。

土地利用调查基础图件主要是通过航空摄影测量得到的正射影像图或卫星影像图。对多云、多雾等获取航空影像或卫星影像困难的地区，采用机载InSAR系统获取影像，是弥补土地利用调查影像的一种非常有效手段。

4.1.2 试验区介绍

（1）试验区位置

图4.1 试验区位置（来自天地图截图）

依据本课题机载InSAR的飞行资料，选取位于北纬31°30'00"~31°40'00"、东经104°30'00"~104°45'00"的区域，面积约439km²作为典型试验区，进行机载InSAR数据土地利用调查。

（2）试验区的特点

试验区地势西北高，东南低；山地、丘陵、平坝兼有，土地利用类型丰富多样。区内水库堰塘星罗棋布，西北部沟壑纵横，耕地、林地遍布，村庄间布其中，试验区东部有涪江南北川流，其支流之一安昌河流经花荄镇东北部。

试验区属四川盆地亚热带湿润季风气候，土壤类型丰富多样，以水稻土、潮土、新积土、紫色土、黑色石灰岩土和黄土等土类为主，适宜发展农业和林业。

在试验区内选取自然条件复杂多变、土地利用类型齐全，具有自然环境、社会环境的典型性、代表性的小流域作为示范区。

（3）试验区土地利用调查研究目的和意义

根据国家对西部土地利用遥感调查监测的迫切需求，在试验区，按第二次全国土地利用调查规范，利用国产高效能机载InSAR数据和光学遥感图像实施1：10 000和1：50 000土地利用遥感调查试验并进行其可行性研究，为国产机载InSAR的应用提供依据和典型示范。

机载InSAR对地探测具有多波段、多极化、多角度，机动灵活、主动、实时动态，全天候、高时空分辨率/立体精确成像的特点，对我国多云、多雨、多雾的地区进行遥感监测和土地利用调查有着特别重要的意义。

国内外已有利用SAR进行地形测绘及土地利用监测的先例，但利用国产的机载InSAR进行土地利用调查研究尚属首次。

图4.2　试验区位置（注：红色线为试验区范围）

（4）试验区土地利用调查研究的主要内容

机载合成孔径雷达与光学遥感的土地利用成图与评估、机载合成孔径雷达与光学遥感的土地利用成图与评估是其重要研究内容。

4.2 试验区土地利用解译标志

4.2.1 土地利用调查试验研究技术流程

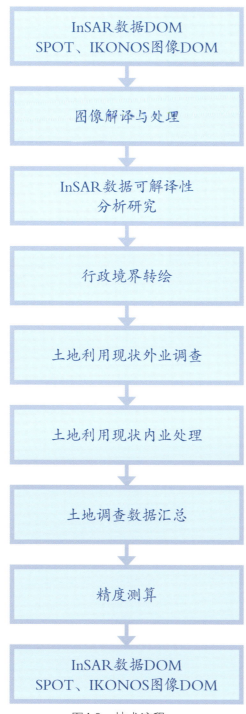

图4.3 技术流程

4.2.2 试验区机载InSAR图像的土地利用解译标志

根据影像的色彩与色调、地物的几何特征、阴影、相互关系等解译特征，建立土地利用调查地类的解译标志。根据《土地利用现状分类》标准，采用二级分类，其中一级类12个，二级类57个。由于57个二级类之间存在的相似性，如水浇地与旱地、园地与林地、草地与耕地等，即使建立了解译标志，在室内根据影像有的也很难判定准确，还必须到实地调查核实。因此，对一些主要地类、差异较大地类建立解译标志，可以充分利用影像判别地类、提高解译效率。

（1）试验区部分地类图片

图4.4 耕地——水田

图4.5 水域及水利设施用地——坑塘水面

图4.6　水域及水利设施用地——沟渠

图4.7　城镇村及工矿用地——建制镇

图4.9 耕地——水浇地（菜地）

图4.8 交通运输用地——公路用地（省道、县道、乡道）

通过外业实地调查，根据《第二次全国土地利用调查土地利用现状分类和编码》将试验区土地利用类型分为8个一级类、27个二级类。其中一级类有：耕地、园地、林地、草地、交通运输用地、水域及水利设施用地、城镇村及工矿用地、其他用地。二级类有：水田、水浇地、旱地；果园；有林地、灌木林地、其他林地；天然牧草地、其他草地；铁路用地、公路用地、街巷用地、农村道路；河流水面、湖泊水面、水库水面、坑塘水面、内陆滩涂、沟渠、水工建筑用地；空闲地、田坎、沙地、裸地；建制镇、村庄、采矿用地。

（2）试验区机载InSAR图像与光学影像对比

表4.1　SAR影像与光学影像对比

一级类 编码与名称	二级类 编码与名称	SAR 影像	光学影像
01 耕地	011 水田		
	012 水浇地	玉米地	
		蔬菜大棚	
		折耳根田	
	013 旱地	红苕地	

续表

一级类 编码与名称	二级类 编码与名称	SAR 影像	光学影像
02 园地	021 果园	李子树园	
03 林地 04 草地	031 有林地 043 其他草地		
10 交通运输用地	101 铁路用地		
	102 公路用地	省道	
	104 农村道路		

一级类 编码与名称	二级类 编码与名称	SAR 影像	光学影像
11 水域及水利 设施用地	111 河流水面 116 内陆滩涂		
	113 水库水面 114 坑塘水面		
	117 沟渠		
12 其它土地	123 田坎		

续表

一级类 编码与名称	二级类 编码与名称	SAR 影像	光学影像
20 城镇村及 工矿用地	202 建制镇		
	203 村庄		
	204 采矿用地	 采矿场	
		 采沙场	

（3）1：10 000机载InSAR图像的土地利用解译标志

表4.2　InSAR图像解析标志

地物名称		SAR影像（X波段）			说　明
01 耕地	011 水田	水稻		莲藕	黑白色调，水浇地纹理清晰，呈条状，位于浅丘，大面积分布。旱地种植红苕、花生等，有垄和沟，故有立体感；多分布于山地，田块破碎
	012 水浇地	蔬菜大棚	扎耳根田	玉米	
	013 旱地				
02 园地	021 果园				影像为李子树林，黑白色调，因果园的树株成行、成列种植，有较密集的点簇状纹理

110

续表

地物名称		SAR影像（X 波段）		说　明
03 林地	031 有林地			有林地多成片分布于山地、河流两岸，色调暗，间有白色亮斑，雷达波束一侧色调白，叠掩时呈全白。 　灌木林地色调白，多分布于林地与耕地之间，或者是河流、水库、坑塘边上，呈带状或小面积片状。 　其他林地多在村庄边上，色调偏白，呈带状
		马尾松	发生叠掩的林地	
	032 灌木林地			
		位于田边的稀疏灌木覆盖度大于40% 的林地		
	033 其它林地			
		疏林地（郁闭度10%～19%）		
04 草地	043 其它草地			从一大一小不同比例尺的图片上可知，草地呈稍暗色调，亮斑少，多分布与山坡上，与林地耕地相邻。也有一些分布于路边、水边

地物名称		SAR影像（X波段）			说　明
07 住宅用地	072 农村宅基地				形状规则，屋顶白亮，有阴影伴随
10 交通运输用地	102 公路用地	省道	公路收费站		色调黑，宽度较均一的连续条带状，有路灯的亮斑均匀分布于两边，有行树或绿化带分布于两侧
	103 街巷用地	农村内部公用道路	城镇公用道路		

续表

地物名称		SAR影像（X 波段）	说　明
10 交通运输用地	104 农村道路	 右为北向，上坡路 右为北向，田间路 上为北向，穿过村庄的水泥路	连接于村庄之间，或分布于耕地中间，色调黑，连续带状

地物名称		SAR影像（X波段）			说　明
11 水域及水利设施用地	111 河流水面				色调黑，连续不规则的带状
	116 内陆滩涂				
		滩涂色调灰，分布于河流两边或者河中间，呈岛状			
	113 水库水面				色调黑，有明显的灰色调
		合作水库	黑水堰	松林嘴水库	
	114 坑塘水面				色调暗黑，星罗棋布于测区，大小不等

地物名称		SAR影像（X 波段）		说　明
12 其它土地	123 田坎			在雷达波束一侧的田坎色调白亮，其他的则多形成阴影，为暗黑色调，或因坎上有杂草而有些亮斑
	127 裸地			路左边一片裸地，面积约为900m^2。表层为黏质土，其覆有少许低矮杂草，色调稍暗

地物名称		SAR影像（X波段）		说　明
20 城镇村及工矿用地	202 建制镇			色调偏白，在图上易判读
	203 村庄		 	色调偏白，在图上易判读，但确界较难。也有些散落在田间或林间的房屋色调较黑，但形状规则，多呈矩形
	204 采矿用地	采沙场	工矿用地	采沙场靠近河流，有堆积的沙堆，作业道路，但易与裸地混淆

4.3　机载InSAR图像土地利用填图

4.3.1　土地利用填图工作底图

图4.10　调查底图——机载InSAR正射影像图

图4.11　调查底图——IKONOS影像图

4.3.2 土地利用填图

（1）外业调查图与记录表

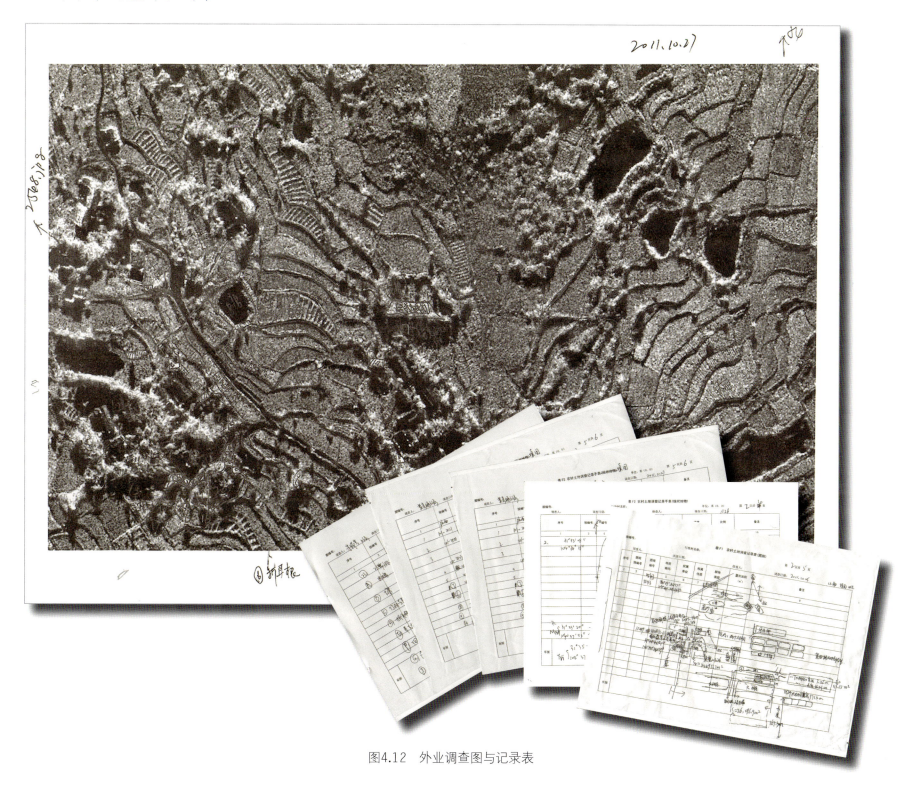

图4.12　外业调查图与记录表

（2）土地利用解译图

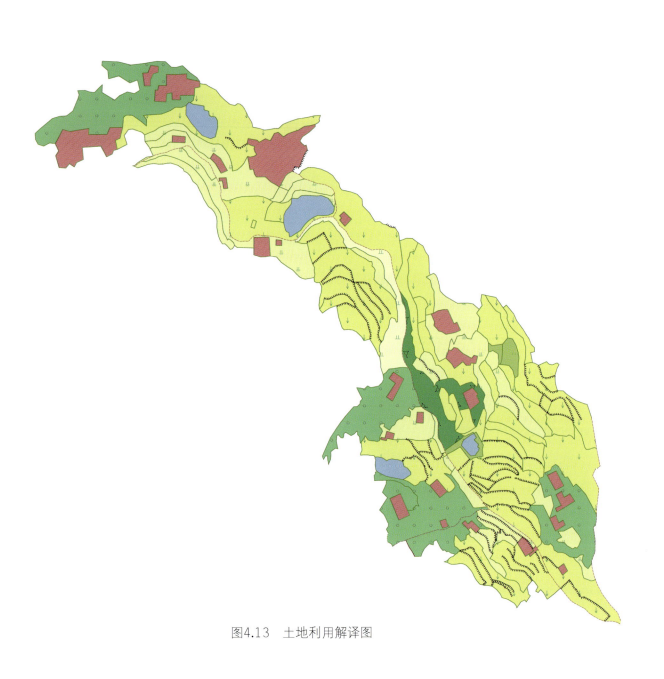

图4.13　土地利用解译图

图例

	水田		设施农用地
	水浇地		盐碱地
	旱地		沼泽地
	果园		沙地
	茶园		裸地
	其他园地		城市
	有林地		建制镇
	灌木林		村庄
	其他林地		采矿用地
	天然牧草地		风景名胜及特殊用地
	人工牧草地		林带
	其他草地		铁路用地
	铁路用地		公路用地
	公路用地		农村道路
	农村道路		管道运输用地
	机场用地		沟渠
	港口码头用地		水工建筑用地
	管道运输用地		田坎
	河流水面		零星地物
	湖泊水面		海岸线
	水库水面		国界
	坑塘水面		省、自治区直辖市界
	沿海滩涂		地区、州、地级市界
	内陆滩涂		县、区、县级市界
	沟渠		乡、镇、街道界
	水工建筑用地		村界
	冰川及永久积雪		土地权属界
			地类界
			高程点
			界址点
			图斑编号地类号

注：本节图例相同。此后图件请参考本图例。

（3）1∶10 000土地利用地类解译调绘图

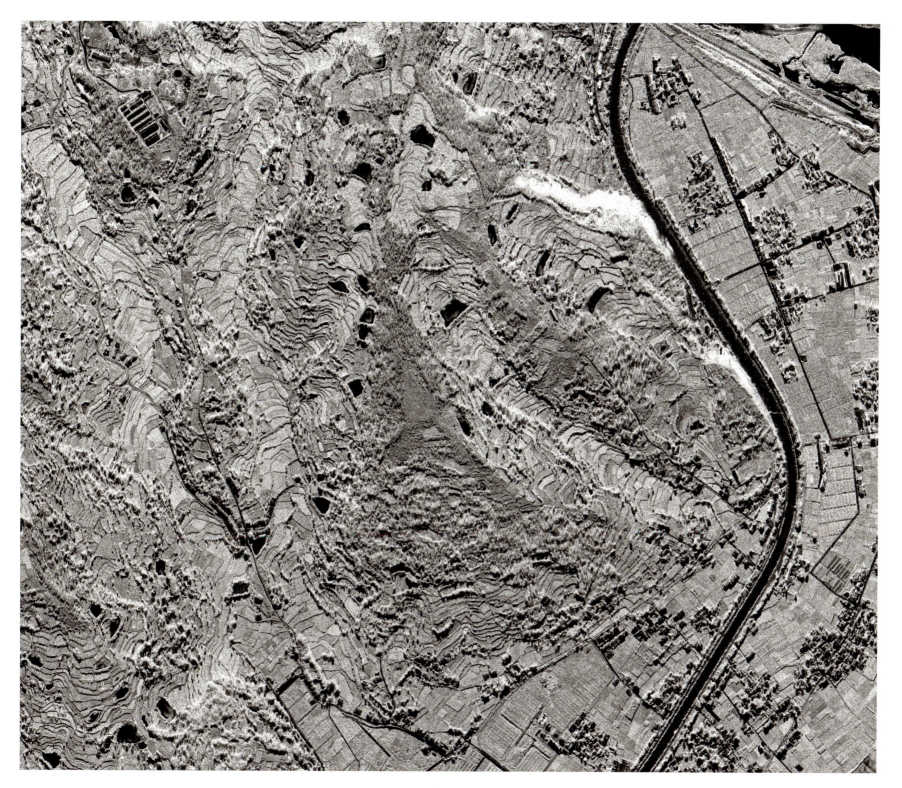

图4.14　1∶10 000工作底图——机载InSAR的DOM

图4.15　1：10 000工作底图——IKONOS影像图

图4.16　0.5 m分辨率机载InSAR解译图

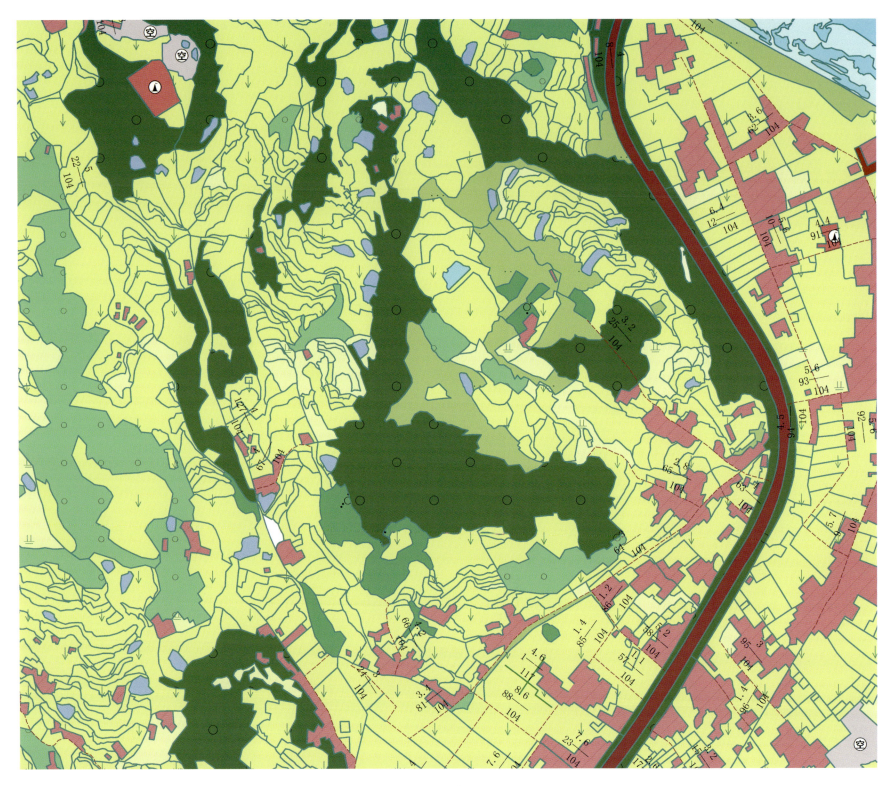

图4.17　1 m分辨率IKONOS解译图

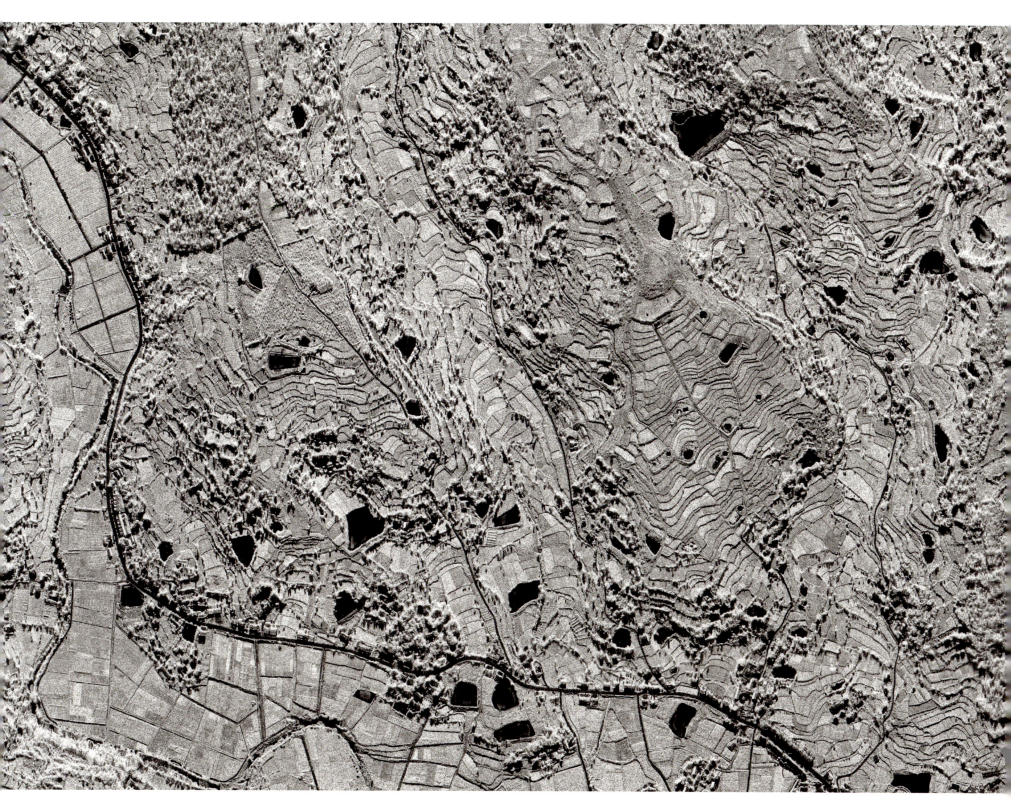

图4.18　机载InSAR的DOM

图4.19　IKONOS影像图

图4.20　1m分辨率IKONOS解译图

图4.21 0.5 m分辨率机载InSAR解译图

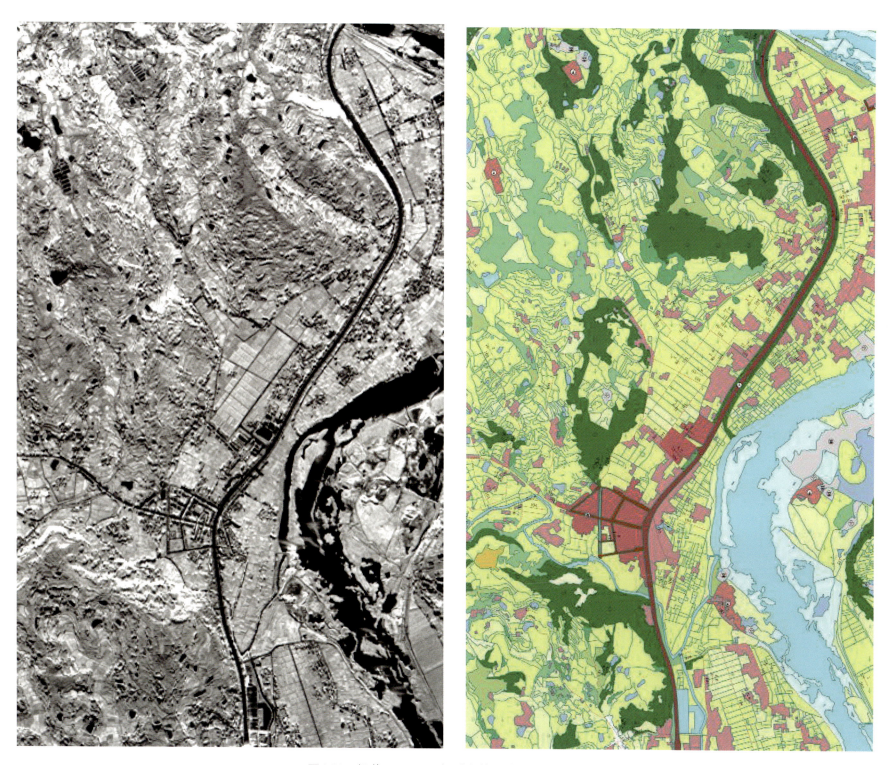

图4.22 机载InSAR DOM与对应的土地利用分类图

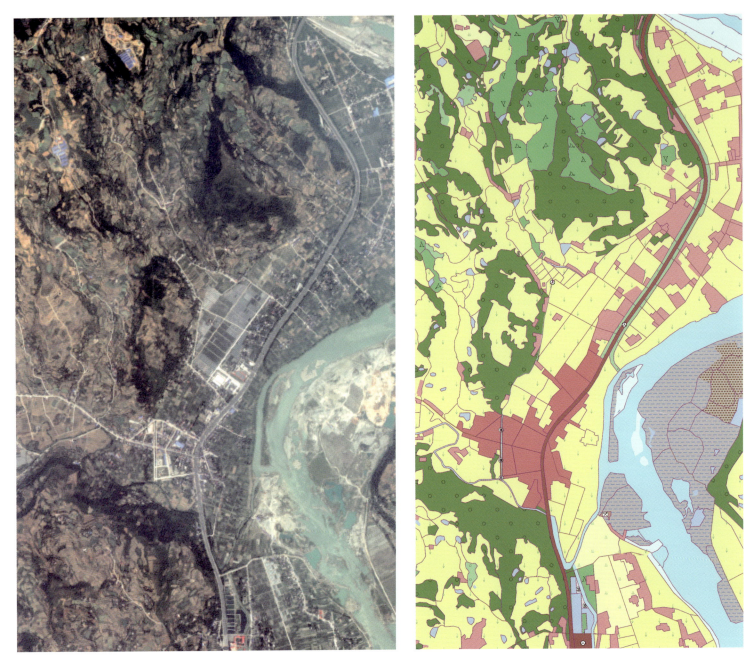

图4.23　IKONOS卫星影像与对应的土地利用分类图

（4）1：50 000土地利用地类解译调绘图

图4.24　1：50 000机载InSAR的DOM

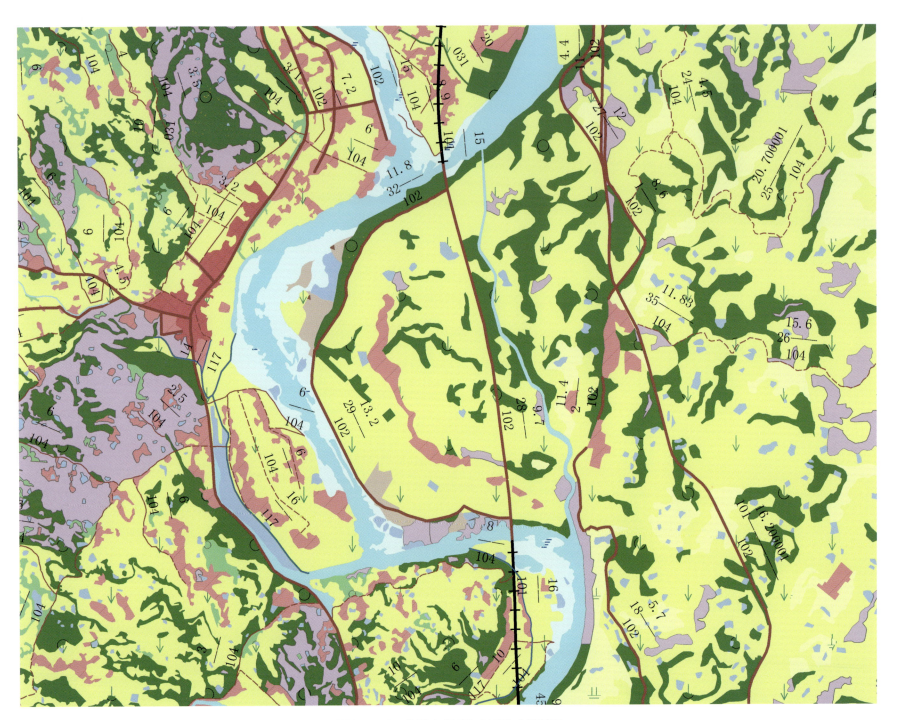

图4.25　2 m分辨率机载InSAR遥感解译图

图4.26　SPOT卫星影像

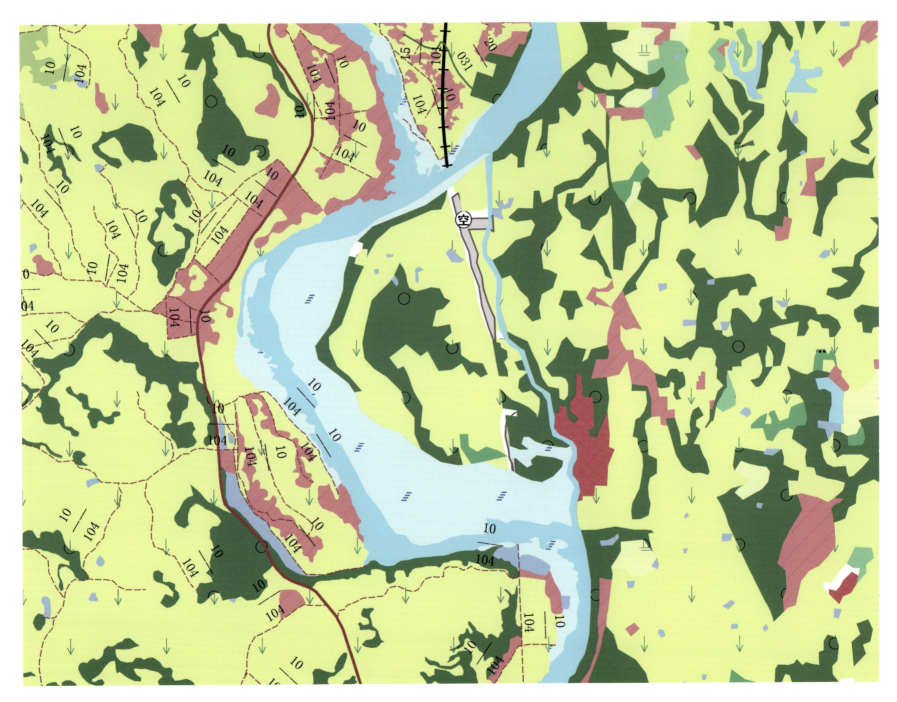

图4.27   10 m分辨率SPOT卫星影像解译图

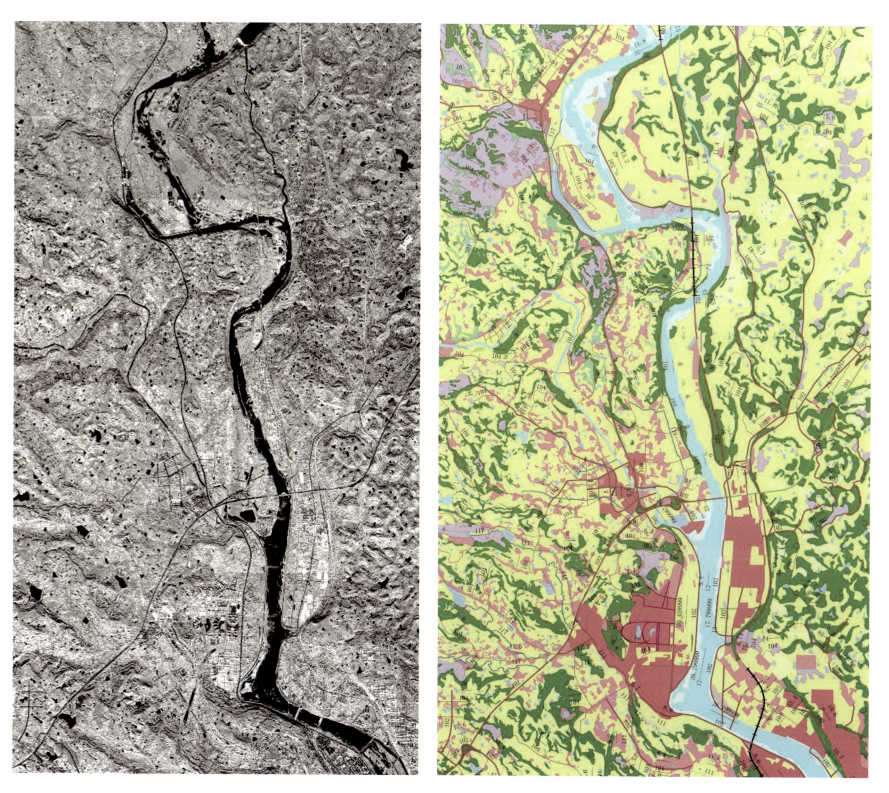

图4.28　1∶50 000机载InSAR的DOM与对应的土地利用分类图

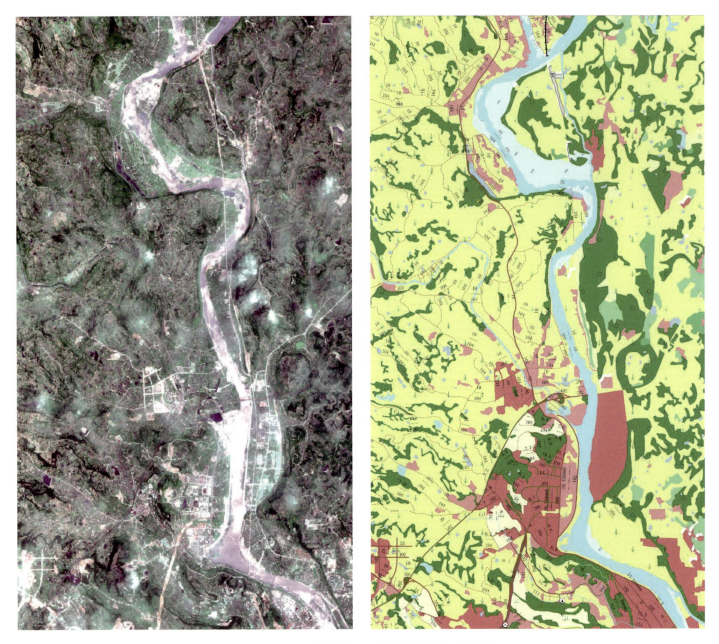

图4.29　SPOT卫星影像与对应的土地利用分类图

（5）土地利用成果图

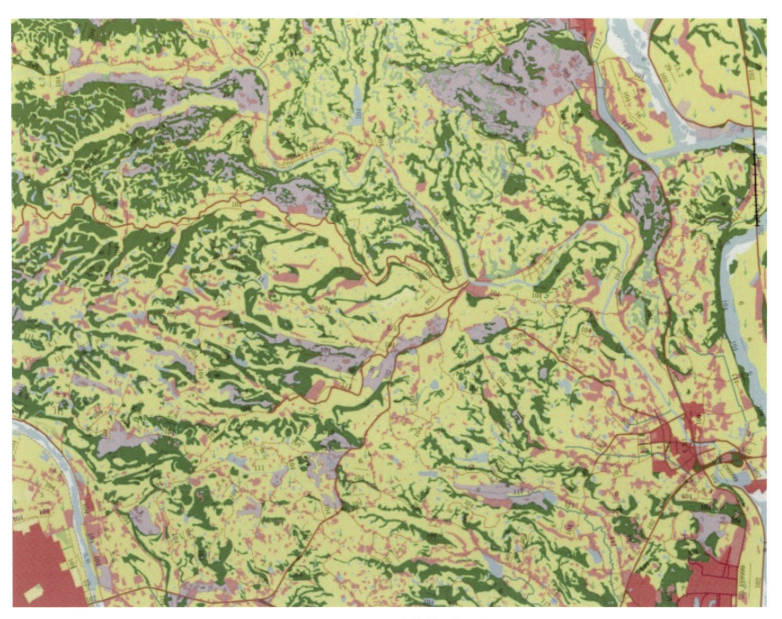

图4.30　1∶50 000土地利用分类图

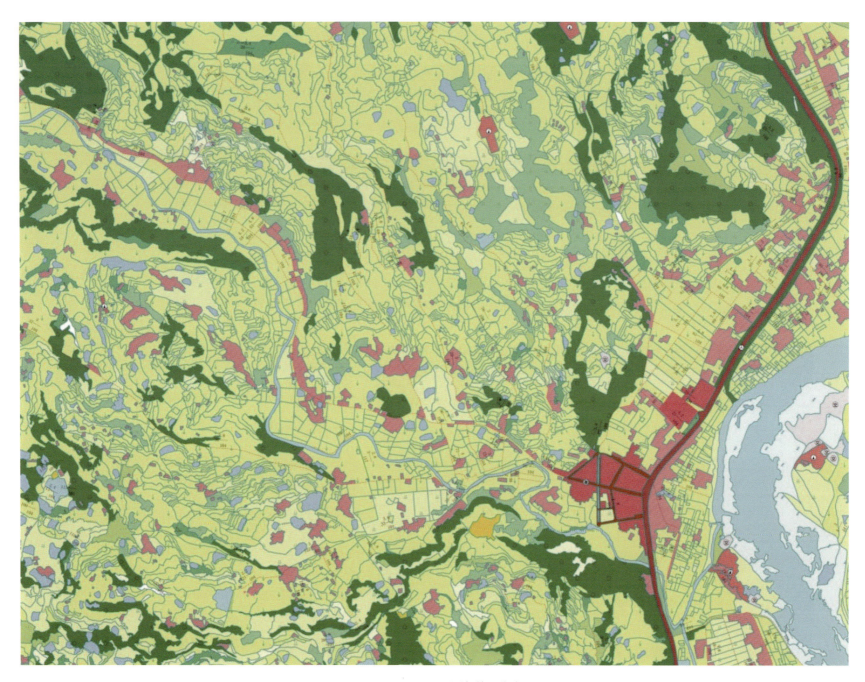

图4.31 1：10 000土地利用分类图

4.4 机载InSAR土地利用调查可行性

4.4.1 机载InSAR与IKONOS土地利用地类解译图叠加分析

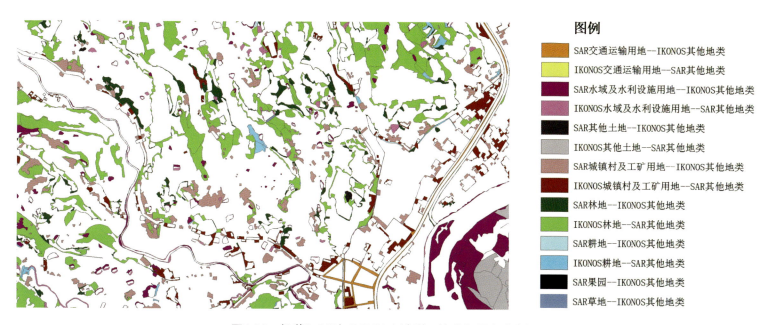

图例

- SAR交通运输用地--IKONOS其他地类
- IKONOS交通运输用地--SAR其他地类
- SAR水域及水利设施用地--IKONOS其他地类
- IKONOS水域及水利设施用地--SAR其他地类
- SAR其他土地--IKONOS其他地类
- IKONOS其他土地--SAR其他地类
- SAR城镇村及工矿用地--IKONOS其他地类
- IKONOS城镇村及工矿用地--SAR其他地类
- SAR林地--IKONOS其他地类
- IKONOS林地--SAR其他地类
- SAR耕地--IKONOS其他地类
- IKONOS耕地--SAR其他地类
- SAR果园--IKONOS其他地类
- SAR草地--IKONOS其他地类

图4.32　机载InSAR与IKONOS土地利用地类解叠加分析图

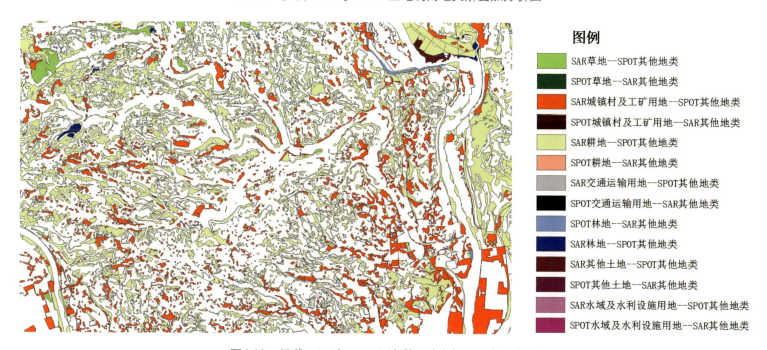

图例

- SAR草地--SPOT其他地类
- SPOT草地--SAR其他地类
- SAR城镇村及工矿用地--SPOT其他地类
- SPOT城镇村及工矿用地--SAR其他地类
- SAR耕地--SPOT其他地类
- SPOT耕地--SAR其他地类
- SAR交通运输用地--SPOT其他地类
- SPOT交通运输用地--SAR其他地类
- SPOT林地--SAR其他地类
- SAR林地--SPOT其他地类
- SAR其他土地--SPOT其他地类
- SPOT其他土地--SAR其他地类
- SAR水域及水利设施用地--SPOT其他地类
- SPOT水域及水利设施用地--SAR其他地类

图4.33　机载InSAR与SPOT土地利用地类解译叠加分析图

4.4.2 全国第二次土地利用调查规范下国产机载InSAR 1：50 000和1：10 000土地利用遥感制图可行性

☆ 可解译性

机载InSAR的高分辨率完全满足全国第二次土地利用调查（以下简称"二调"）对遥感数据分辨率的要求。

InSAR主要土地利用类型图上解译最小面积完全满足"二调"规程要求。在数字化过程中，按照"能识别的都画出来"的原则，挖掘InSAR图像在土地利用解译中的潜力。

InSAR解译的详细程度高于光学影像。

InSAR图像中水体与阴影、沟渠与道路、林带与沟渠不易识别。

InSAR图像中建筑物的拖尾和阴影影响边界的识别。

☆ 遥感解译精度

1：10 000中，以IKONOS为基准，对InSAR进行评价，制图精度最高的是耕地，接下来依次是交通运输用地、水域及水利设施用地。其他土地的解译精度较低。

1：50 000中，以IKONOS为基准，对InSAR进行评价，解译精度最高的是水域及水利设施用地，接下来依次是耕地、林地、城镇村及工矿用地；草地和其他土地利用类型的解译精度最低。

4.4.3 机载InSAR 1：50 000和1：10 000土地利用遥感制图质量

（1）机载InSAR影像与光学影像的成像机理不同，土地利用类型的影像具有差异明显、互补性强的特点。机载InSAR影像上，耕地、居民地、道路、水体、林地等主要用地类型解译效果较好，满足"二调"规范要求；线性地物的解译基本满足"二调"要求；乡村等复合式地物类型解译效果较差；农村道路与沟渠容易混淆。

（2）试验区机载InSAR影像上同物异谱、同谱异物现象影响土地利用类型的复杂像元解译效果。机载InSAR影像的空间分辨率优于2 m，可以满足"二调"要求。

（3）机载InSAR影像上，针叶林（可清楚区分马尾松和柏树林）、阔叶林、灌木林的灰度和纹理差异十分明显；不同含水量的土壤和水体较光学图像有更高的解译度。

（4）由于微波对地的较强穿透力（特别是P波段），机载InSAR影像上地形地貌、地质构造、岩石、土壤的解译度较光学图像高出很多。

（5）机载InSAR影像全天候微波成像，具有机动灵活、主动的特点。对于补充和保证关键时期的西部地形、气象条件复杂地区，连续、系统、有效的土地利用调查与监测具有重要意义。

（6）机载InSAR对地探测具有多波段、多极化、多角度，机动灵活、自主主动、实时动态，全天候、高时空分辨率、立体精确成像的特点；对于提高多云、多雨多雾地区遥感监测和土地利用调查与监测的精度和效率意义重大。

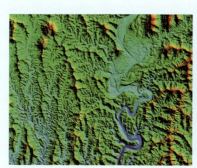

第 5 章　机载InSAR 3D产品质量检验与成果

5.1　机载InSAR 3D产品质量检验

按照课题合同的要求，完成试验区机载InSAR 1：50 000及1：10 000比例尺各10幅DEM、DOM、DLG测绘产品。为了检验该产品所达的精度，委托第三方——国家测绘地理信息局四川测绘产品质量监督检验站进行质量检测。

5.1.1　检验依据

（1）GB/T 20257.2—2006《国家基本比例尺地图图式 第2部分：1：5 000、1：10 000地形图图式》；

（2）GB/T 20257.3—2006《国家基本比例尺地图图式 第3部分：1：25 000、1：50 000、1：100 000地形图图式》；

（3）GB/T 18316—2008《数字测绘成果质量检查与验收》；

（4）GB/T 24356—2009《测绘成果质量检查与验收》；

（5）CH/T 9009.2—2010《基础地理信息数字成果 1：5 000、1：10 000、1：25 000、1：50 000、1：100 000数字高程模型》；

（6）CH/T 9009.3—2010《基础地理信息数字成果 1：5 000、1：10 000、1：25 000、1：50 000、1：100 000数字正射影像图》；

（7）《机载InSAR系统测制 1：10 000、1：50 000 DEM、DOM、DLG 产品技术设计》，煤航（集团）实业发展有限公司，2011年7月；

（8）成果委托检验合同、其他相关资料和补充规定。

5.1.2　抽样、检验内容及方法

按照GB/T18316—2008《数字测绘成果质量检查与验收》及GB/T24356—2009《测绘成果质量检查与验收》的要求，从DEM、DOM、DLG三种成果中各抽取了3幅成果，作为检验样本，如下表所示。1：10 000、1：25 000、1：50 000、1：100 000数字正射影像图》

表5.1　机载InSAR 3D产品检验情况

比例尺	检测产品类型	检测数量（幅）	检验内容	检验方法
1：50 000	DEM	3	1．空间参考系 2．位置精度 3．逻辑一致性 4．时间精度 5．栅格质量 6．附件质量	各检验内容采用人机交互的方式进行检查。DEM和DLG的高程中误差利用外业检测点检查，DOM和DLG的平面位置中误差利用四川省测绘地理信息局制作的1：50 000 DLG成果检查
	DOM	3	1．空间参考系 2．位置精度 3．逻辑一致性 4．时间精度 5．影像质量 6．附件质量	
	DLG	3	1．数学精度 2．数据及结构正确性 3．地理精度 4．整饰质量 5．附件质量	
1：10 000	DEM	3	1．空间参考系 2．位置精度 3．逻辑一致性 4．时间精度 5．栅格质量 6．附件质量	各检验内容采用人机交互的方式进行检查。DEM和DLG的高程中误差利用外业检测点检查，DOM和DLG的平面位置中误差利用四川省测绘地理信息局制作的1：10 000 DLG成果检查
	DOM	3	1．空间参考系 2．位置精度 3．逻辑一致性 4．时间精度 5．影像质量 6．附件质量	
	DLG	3	1．数学精度 2．数据及结构正确性 3．地理精度 4．整饰质量 5．附件质量	

5.1.3 外业检测

图5.1 外业检测

5.1.4 样本质量统计与检验结论

表5.2 样本质量统计表

比例尺	检测产品类型	检测数量（幅）	样本质量得分	样本质量等级	单位成果优良品率	成果质量检验结论
1：50 000	DEM	3	100	优	优级品率100%	批合格
	DOM	3	86.4	良	100%	批合格
	DLG	3	84.1	良	100%	批合格
1：10 000	DEM	3	93.3	优	100%，其中优级品率66.7%	批合格
	DOM	3	85.2	良	100%	批合格
	DLG	3	79.5	良	100%	批合格

注： 表中数据来源于国家测绘地理信息局四川测绘产品质量监督检验站的检验报告：川测质检（2012）第（179）号和川测质检（2012）第（180）号。

图5.2 3D产品检验报告

5.2　国家验收

（1）课题国家验收

2012年8月13日，"高效能航空SAR遥感应用系统地形测绘应用示范"课题通过了科技部组织的验收。验收组专家一致认为，课题突破了机载InSAR系统测制3D产品的工艺流程、基于InSAR影像的调绘方法等多项关键技术；课题在定标控制测量控制点布设方法、基于InSAR影像的调绘方法、机载InSAR系统测制3D产品系统等方面的研究成果具有创新性，在国内首次研发出了机载InSAR测制1∶10 000数字测绘产品系统及技术方法，并选择了西部地区测制了1∶10 000、1∶50 000各10幅3D产品，精度符合国家规范要求。

图5.3　课题验收

（2）项目国家验收

图5.4　项目验收

2012年10月16日，国家高技术研究发展计划（863计划）"高效能航空SAR遥感应用系统"重点项目通过了科技部组织的验收。验收组专家一致认为，该项目以奖状Ⅱ飞机为平台，开展了高效能航空SAR遥感应用系统平台总体设计和系统集成研究，重点突出了高效能SAR系统设计、复杂地形区域SAR高精度地形测绘以及SAR影像地物解译及分类等关键技术，在基于InSAR影像的调绘和数字测绘产品生产方法等方面的研究成果具有创新性，各项功能和指标均达到项目立项通知要求，同意该项目通过验收。

5.3 课题成果

（1）文档资料

☆ 课题技术报告

☆ 自验收报告

☆ 2008年年度执行报告

☆ 2009年年度执行报告

☆ 2010年年度执行报告

☆ 2011年年度执行报告

☆ 中期检查报告

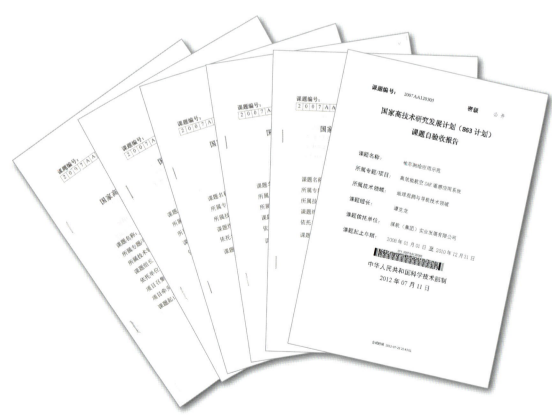

图5.5 课题部分文档成果

（2）技术标准1部

《机载干涉合成孔径雷达（InSAR）系统测制1：10 000、1：50 000 数字高程模型 数字正射影像图 数字线划图技术规程》草案。

（3）地形测绘制图系统

图5.6 技术标准

图5.7 课题成果——制图系统

该系统以工艺流程为设计框架，实现3D产品一体化生产。

自主研发的有关模块，包括数据采集、数据编辑、质量检查、评估、制图输出等功能模块。

图5.8 SAR-MAS菜单框架

（4）图件成果

1）1：10 000 DEM、DOM、DLG各10幅

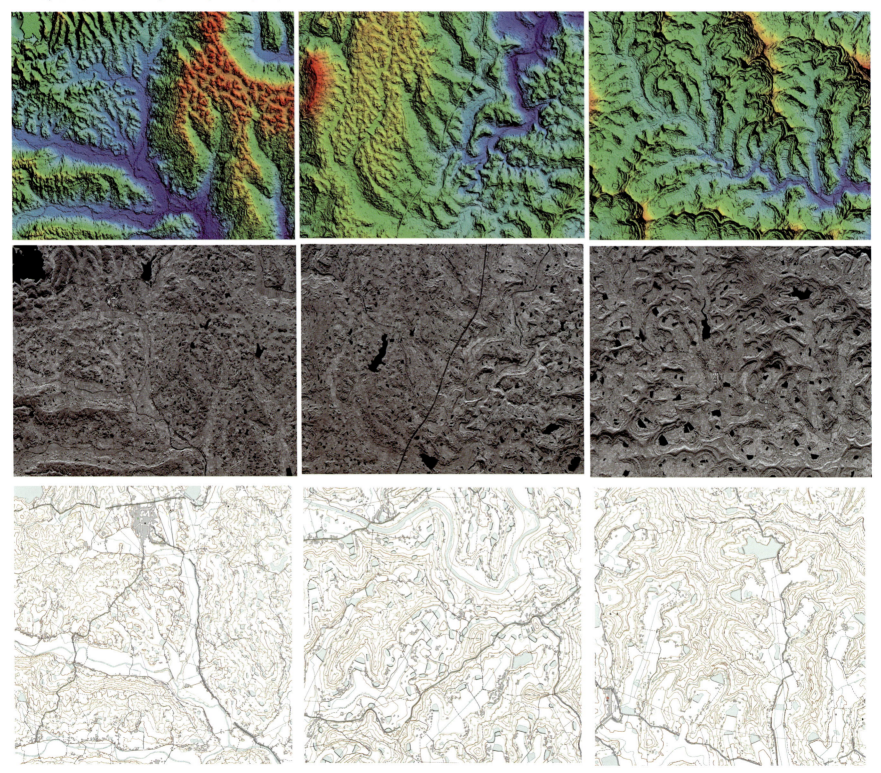

图5.9　1：10 000部分3D产品样图

2）1:50 000 DEM、DOM、DLG各10幅

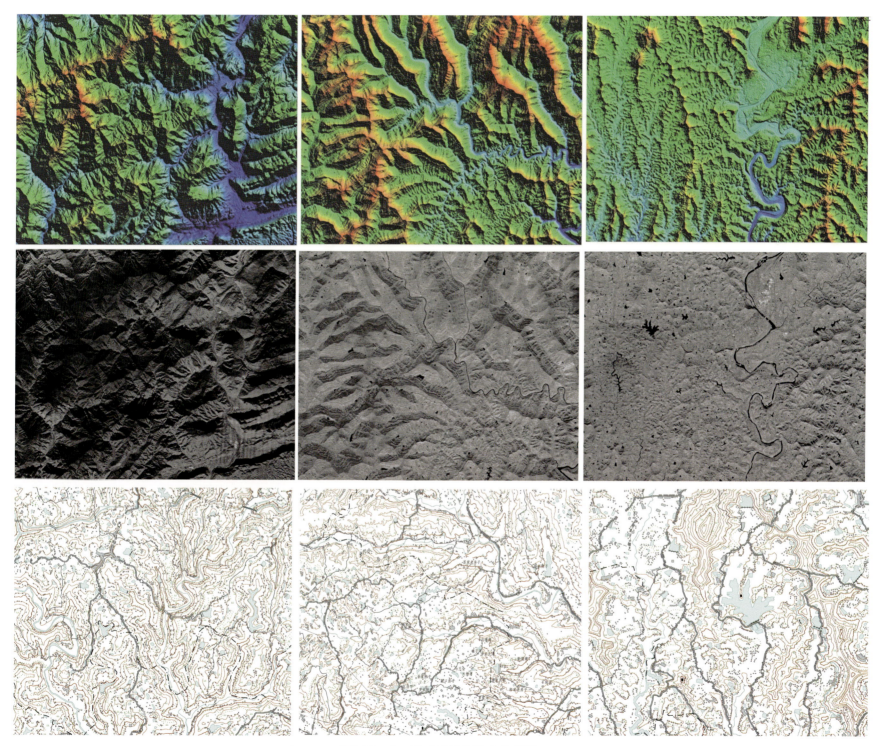

图5.10　1:50 000部分3D产品样图

3）土地利用调查成果图

1：10 000　1幅，1：50 000　1幅。

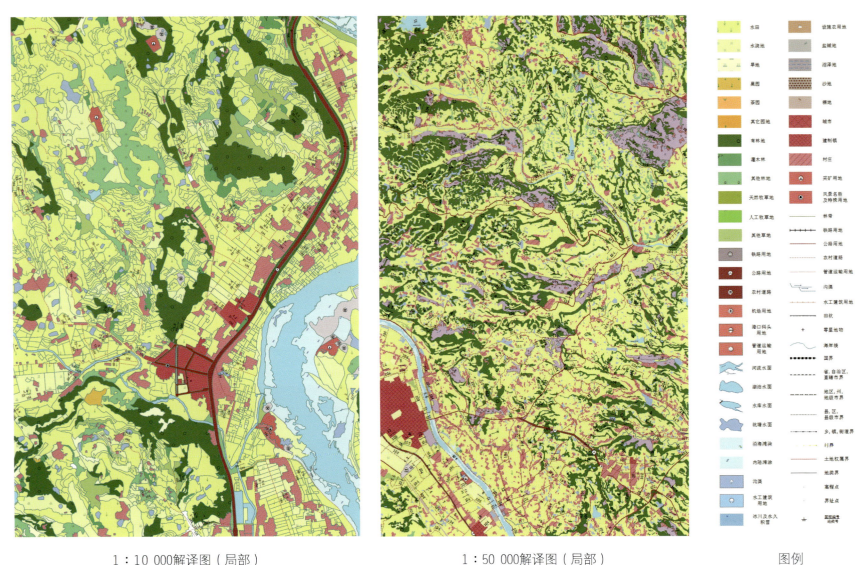

<table>
<tr><td>1：10 000解译图（局部）</td><td>1：50 000解译图（局部）</td><td>图例</td></tr>
</table>

图5.11　土地利用调查图

　　利用机载InSAR（包括P波段）数据解译1：10 000土地利用
地类解译调绘图（25km²）、1：50 000土地利用地类解译调绘图
（100 km²）。按全国第二次土地利用调查标准进行。

（5）获得的知识产权

图5.12　获准的知识产权

申请获准专利9项，软件著作权4项。

1）ZL2009 2 0034381.X《非规则格网DEM数据采集综合取舍系统》

2）ZL2010 1 0287251.4《一种基于InSAR制作3D产品的系统及方法》

3）ZL2010 2 0580414.3《基于单片InSAR影像的垂直地物高度测量系统》

4）ZL2010 2 0580456.7《基于InSAR影像的垂直地物定位误差纠正系统》

5）ZL2010 2 0535473.9《一种基于InSAR制作3D产品的系统》

6）ZL2011 1 0209941.2《基于单片InSAR正射影像的调绘方法》

7）ZL2012 2 0254076.3《一种基于单片InSAR数据的DLG采集系统》

8）ZL2012 2 0428903.6《基于机载InSAR生产3D产品的精度检测系统》

9）ZL2012 1 0210608.8《一种基于机载InSAR的地面控制点测量布点方法》

10）2010SR062787《DLG数据精度评估软件》

11）2011SR031984《MAS煤航制图系统》

12）2011SR009661《基于InSAR影像垂直地物定位误差纠正软件》

13）2011SR030315《非规则格网DEM数据采集综合取舍系统》

表5.3 发表论文

序号	论文题目	发表的期刊	作者
1	高分辨率SAR影像调绘研究	测绘通报 2012-01	付春永 谭克龙
2	差分干涉雷达测量技术大气延迟分析	测绘通报 2011-05	付春永 谭克龙
3	一种基于高分辨率机载SAR的DEM制作方法	测绘通报 2012-04	付春永等
4	基于机载InSAR技术生产DLG产品的工艺与方法	陕西科技大学学报（自然科学版）2011-02 第29卷 第2期	苗小利
5	D-InSAR技术在矿区开采沉陷监测中的应用	陕西科技大学学报（自然科学版）2011-06 第29卷 第3期	付春永 苗小利 冯西林
6	基于椭圆曲线密码体制的遥感图像加密算法	武汉大学学报·信息科学版 第35卷 第11期. 2010 年11 月	时向勇 李先华 郑成建
7	The Study of Extracting River Nets Based on Intelligence Ant Colony Algorithm on MODIS Remote Sensing Images	Journal of Donghua University（Eng.Ed.）Vol.27, No.5（2010）	Shi Xiangyong（时向勇）* Li Xianhua（李先华） Zheng Chengjian（郑成建）
8	A New Approach of Generating Atmospheric Path Radiation Images based on Atmospheric Radiation Transmittance Theory	2010 International Conference on Computer Application and System Modeling （ICCASM 2010）	Shi Xiangyong Li Xianhua Zhu Ruifang
9	A New Approach of Generating Atmospheric Path Radiation Images based on MODIS Remote Sensing Images	2010 WASE International Conference on Information Engineering	Shi Xiangyong Li Xianhua Zhu Ruifang

出版专著——《机载双天线干涉合成孔径雷达地形测绘原理与方法》

图5.13 专著

参考文献

廖明生，林珲. 2003. 雷达干涉测量——原理与信号处理基础[M]. 北京：测绘出版社.

焦明连，蒋廷臣. 2009. 合成孔径雷达干涉测量理论与应用[M]. 北京：测绘出版社.

李平湘，杨杰. 2006. 雷达干涉测量原理与应用[M]. 北京：测绘出版社.

肖国超，朱彩英. 2001. 雷达摄影测量[M]. 北京：地震出版社.